美女是怎样炼成的

金刚芭比：
做个又忙又美的女子

李丹丹　李姗姗　编著

民主与建设出版社
·北京·

图书在版编目（ＣＩＰ）数据

金刚芭比：做个又忙又美的女子 / 李丹丹，李姗姗
编著 . -- 北京：民主与建设出版社，2020.4

（美女是怎样炼成的；7）

ISBN 978-7-5139-2858-8

Ⅰ.①金… Ⅱ.①李…②李… Ⅲ.①女性—修养—
通俗读物 Ⅳ.① B825.5-49

中国版本图书馆 CIP 数据核字 (2020) 第 064370 号

金刚芭比：做个又忙又美的女子
JIN GANG BA BI：ZUO GE YOU MANG YOU MEI DE NV ZI

出 版 人	李声笑
编　　著	李丹丹　李姗姗
责任编辑	刘树民
封面设计	大华文苑
出版发行	民主与建设出版社有限责任公司
电　　话	（010）59417747 59419778
社　　址	北京市海淀区西三环中路 10 号望海楼 E 座 7 层
邮　　编	100142
印　　刷	三河市德利印刷有限公司
版　　次	2020 年 5 月第 1 版
印　　次	2020 年 5 月第 1 次印刷
开　　本	880 毫米 ×1230 毫米　1/32
印　　张	5
字　　数	125 千字
书　　号	ISBN 978-7-5139-2858-8
定　　价	238.00 元（全 10 册）

注：如有印、装质量问题，请与出版社联系。

　　提起美女，我们的眼前就会出现容貌娇美、身材玲珑、笑容甜美的青春女子形象。她们就像春天的花朵，点缀着人生的美景；她们又像夏天的树荫，带给人们清凉和宁静；她们还像是秋天的果实，带给人们幸福和欢乐；她们更像冬天的暖阳，带给人们温馨和喜悦。

　　美女的一切都是令人愉悦的，她们柔美、温顺、恬静；她们漂亮、高贵、潇洒，她们是人间的天使，她们是万众的偶像。她们飘然前行于人们仰慕的目光里，她们优雅嬉戏于无限春光中。

　　她们中的很多人大把挥霍着自己的美貌和青春，却单单忘记了一件事，那就是韶华易老，青春易失，人生美好的年华只有短短的数年，待到岁月流逝，光华褪尽，一切都成为过眼烟云，她们只会留下人老珠黄的慨叹和无可奈何的哀鸣，以及被忙碌奔波生活磨光所有光彩的衰老躯体。

　　而另一种人，她们或许并不美丽，但却有独特的气质；不一定炫目，但一定让人感觉很舒服；她的智商不一非常高，但却有很高的情商，足以让她在生活、工作中游刃有余；她的生活中也有烦恼，但一定可以凭自己的智慧去化解。这样的一个女人，虽然没有过人的容貌，但却能凭借内在的气质，使美丽永驻。

　　修炼你的气质，沉淀你的内心，当气质美渗入你的骨髓，纵使岁月无情,你依然能凭着那份灵动、睿智、从容、淡定的气质成为最有魅力的那道风景。那么,女孩到底应该如何提升自己的气质,做个魅力美人呢?

本书就是专门为女孩准备的练就永恒美丽的智慧丛书,包括《生活需要仪式感》《优雅的女人最幸福》《动脑大于动感情》《气质女人的芬芳生活》《金刚芭比:做个又忙又美的女子》》《美女当自强》《做个性格完美的女孩》《做个灵魂有香气的女子》《生活需要你勇敢坚强》《把生活过成你想要的样子》10本。它从女孩的学习、工作、生活、习惯等细节入手,用优美的语言,生动的事例深入浅出地讲述了一个女孩应该如何通过修养自己,完善自己,最终使自己变成有内涵、有价值的魅力女性的人生道理,是一套值得每个女孩学习和收藏的珍品书籍。相信通过本套书的学习,一定会对大家迈向积极的人生之路起到极大的指导作用和推动作用。

目录

第一章
高颜值，才有高回头率

　　美丽是女人魅力的重要组成部分，当一个肌肤吹弹可破、妆容精细雅致、头发乌黑亮丽、红唇娇艳欲滴的高颜值女人向你款款走来时，相信谁也不会拒绝欣赏这样一个美丽的天使。高颜值是女人珍贵的资本，一个高颜值的女人，不仅比别人有更高的回头率，往往比其他人容易获得成功。

不要低估了一个装扮好看的女人

女人的心情就像一枚晶莹的水晶石，看似简单而又复杂多变，在阳光下，每一个角度都会呈现出不同的颜色和不同的光芒，有的散发出忧郁而沉静的蓝色，有的散发出温暖而又活泼的黄色，而女人自己就是这枚水晶石的雕刻师和支配者，可以随着自身心境的变化，随意地改变它的样子，它的颜色。

对于女人来说打扮自己就是一种生活态度，就像加菲猫说的那句："意大利面！那不是一道菜，那是一种生活态度！"

亚茹是一个积极乐观的全职太太，她的丈夫是一家大酒店的保安部经理，一家人的生活过得悠闲而又殷实。亚茹一直有一个习惯，那就是不化妆绝不出门。

亚茹长得很好看，但是她认为化妆就是给自己的脸穿上一件漂亮的衣服，出门的时候会感觉很自信、很坦然，而如果不化妆就出门，无形中自信心就会减少一大半，心情也会受到感染，变得低落，所以为了让自己随时保持一个好心情，亚茹总是在家里把自己精心打扮一番再出门。

有一次，亚茹特意做了一个新发型，穿上一件亮眼的蓝色长裙，还系上一条碎花的小丝巾，然后再穿上刚买没多久的高跟鞋，哼着小曲就下楼了。

正巧下班回来的丈夫看到亚茹，问她打扮这么漂亮要去哪儿，亚茹嫣然一笑，轻声地说："我去菜市场买菜！"

后来，受全球经济危机的影响，亚茹的丈夫失业了，家里的经济来源没有了，生活质量一下子从天堂跌落至地狱，但是跌落的只是物质上的生活，亚茹的家里依然充满欢声笑语，她每天不但把丈夫打扮得精神帅气，自己也想着法地搭配衣服，让自己看起来还像之前那么漂亮美丽。

见到朋友的时候，亚茹没有哀叹生活是如何的艰难，命运是如何的不公，朋友很不解地问她："你们家的生活现在已经很艰难了，为什么你还把自己打扮得这么光鲜，而且看起来没有一点儿忧愁呢？"

亚茹笑了笑，说："哪怕我的生活到了最困难、最潦倒的时候，我也不能把自己弄得失魂落魄、灰头土脸，一副邋遢可怜样，我要以最积极向上和坚强乐观的形象示人，你可以被别人打败，但不能被自己打败，女人改变生活的第一步，不就是从改变自己开始吗？"

亚茹的乐观不但感染了朋友也影响到丈夫，几个月后，她的丈夫又重新找到了一份工作，他们的生活又像以前那样幸福快乐。

更多时候女人打扮其实就是为了自己的心情，而这种心情最终会形成一种习惯。

一个懂得修炼自己外在美的女人，无论是上班还是参加宴会、无论是离职还是求职，都会以靓丽、整洁、干净、大方的形象示人。这样能展现出自己的追求和品位，给他人留下非常良好的印象。

一个懂得修炼自己外在美的女人，会在每天清晨出门前为辛苦奔波劳累的自己化一个清新淡雅的妆，穿上一件自己喜欢又能展示可人形象的衣服，再搭配一些亮眼的小饰物，然后怀着一份轻松的心情走到阳光下。

打扮自己的女人体现出的是一种乐观的、认真的、美好的人生态度，也体现出了属于自己的自信和超然，豁达和勇敢。

懂得生活、懂得装扮自己的聪明女人很明白，不一定要把自己打扮得像章子怡、范冰冰，也不一定要把自己"装扮"成不食人间烟火，甚至不做饭、不倒垃圾的仙女姐姐，因为她们明白，自己真正想要的是真实的生活感受。

有这样一个女人，她不是那种特别爱赶时髦的女性，但是每天起床后，她都会打开衣柜，然后从里面精心挑选出一些衣服，这件衣服试一试，那件衣服试一试，而且一边试，还一边不停地问丈夫和儿子："我穿这件衣服怎么样？"

丈夫很用心地审视一番，然后说："你的身材很好，穿什么都好看！"而儿子则小大人般地给她提建议说："我觉得妈妈应该穿黄颜色的那件，那件穿起来好看。"

其实，她并不是真的想要丈夫和儿子给出实质性的建议，只希望在这样的对话和互动中，体会丈夫和儿子对她的赞美和关爱，因为这对她而言，比一个时尚大师称赞她更让她感到开心和愉悦。

　　还有一个女人，常常容易被生活中出现的诸多不如意打乱心情，她的解决办法，就是在愁闷、苦恼、烦躁和焦虑袭来时，给自己化一个亮眼的妆，然后挑选一件自己最喜欢的衣服，去商场逛一天，再挑选一个安静的地方，让自己安静几个小时。

　　她这样对朋友解释自己的行为："生活中有太多的压力，有时这种压力到达了我承受范围的极限，所以我希望用这样的方式摆脱掉这种恶劣情绪，对我而言最好的办法就是给自己化妆，穿自己平时最喜欢的衣服出门，去人流众多的商场，在欣赏那些各种各样漂亮的商品时，也觉得自己被人欣赏。之后的安静，是因为喧嚣过后，我需要思考，让自己的心情在大起大落之后沉淀下来，等到傍晚回家的时候，我的心里没有了烦躁，只剩下平静和快乐。"

　　的确，"人生不如意之事常八九"，糟糕的情绪就像一支胡乱涂画的水笔，画出的颜色让人压抑、难过，而打扮自己，改变心情，就能将这种不好的情绪掩埋掉，再去看这个世界的时候，就会发现当你心情变好的时候，周围的世界也变得美丽了许多。

包装自己，让气质脱颖而出

　　法国伟大的启蒙思想家孟德斯鸠曾坦言："一个女人只有通过一种方式才能是美丽的，但她可以通过千万种方式使自己变得可爱。"

女人的外在美从出生之日起就在每天发生着变化，这种美不是机械的、单纯的，而是可以通过后天的包装和培养慢慢改变的。

女人可以让自己变成一个仪态高雅的、散发永久魅力的人，还可以通过巧妙地化妆展示自己柔情似水的一面，更可以随着季节、心情的不断变换随意地更改自己的发型，让自己从"头"开始。

衣橱里款式各异、颜色不同的服饰经过神奇的搭配，就可以让自己变成一道流动的风景线，还有那些看似不起眼的小配饰，正是全身的"点睛之笔"。

一个对生活充满希望，处处留意美丽所在的女性，即使没有傲人的身材和绝美的容貌，一样可以塑造出令女人嫉妒、男人心动的脱俗气质，而所有的这一切都需要女性外在气质的修炼。

"气质之美与其说是来自内心的修养，不如说它是来自一种对美好事物的欣赏能力。这份欣赏力就使一个人的言谈举止不同流俗。"罗兰曾经如是说。女人要想包装出自己的气质，首先就要有认识美、鉴赏美的能力，如果一个女人连什么是真正的美都不知道，又怎么能装扮出令人怦然心动的美丽气质来呢。

女人外在气质的修炼就是从言谈举止开始，一个女人站没站相，坐没坐相，笑起来连后牙槽都可以看见，何谈美所在。站就一定要抬头挺胸收腹，同时要注意保持优美，不要把头仰上天，更不要以为把自己傲人的胸部挺出去，就是有气质，就可以吸引别人的目光，那样只会显得很可笑。

女人的坐姿一定要优雅。无论是在什么场合，坐在椅子上的时候，上身一定要正，臀部不要整个都坐进椅子里，只坐椅子的三分之一就够了，然后双腿并拢微侧。

如果感觉有些累，也可以把一条腿搭在另一条腿上，但要谨记一定要坐得自然，否则就会显得僵硬。女人要时刻在心中提醒自己："我是一个端庄优雅的女人，而不是一个僵硬的雕塑"。

女人外在气质修炼还有一个重要的方面就是走姿。贾宝玉在看到林黛玉时，有这样两句描写林妹妹的话："闲静时似娇花照水，行动处如弱柳扶风。"

古人看美女以柔弱娴静为美，因为这样的女子更能牵动男子的心，激起男人心中的保护欲。现代社会的女人独立、自主、坚强，已不用像林妹妹那样："两弯似蹙非蹙笼烟眉，一双似喜非喜含情目。态生两靥之愁，娇袭一身之病。泪光点点，娇喘微微。"

现代的女子要抬头挺胸地带着自信走路，不要惺惺作态、故作扭捏，更不要低头含胸。男人常常会迷恋女人的背影和走路的姿态，他们认为走路优雅稳重自然的女性有一种迷人的气质。

古人云："佛是金装，人是衣装，世人眼孔浅的多，只有皮相，没有骨相。"服饰是提升女人外在气质绝对不可或缺的手段，穿衣服不一定非要穿名牌，最重要的是选择的衣服要适合自己的年龄、身材或者职业，更主要是穿出自己的个性。

一件漂亮好看的衣服穿在别人身上靓丽耀人，但不一定就适合自己。服装颜色的选择上也要根据自己的肤色和穿上的效果来决定，不要执着地认为自己喜欢的颜色就一定是最合适自己的颜色，美丽才是目的。

世界名模辛迪·克劳馥曾说过："女人出门时若忘了化妆，最好的补救方法便是亮出你的微笑。"微笑是女人最动听的语言，也是最快获得他人好感的魔力方式，更是女人修炼外在气质必不可少的一件重量级"武器"。

女人美丽的笑容，就像春日里朵朵初绽的桃花，层层涟漪乍起，带给人温馨甜蜜的感觉。无论哪种场合，只要女子恰如其分地运用微笑，就可以沟通心灵，传递情感，甚至征服对手。

就像拿破仑·希尔说的那样："真诚的微笑，其效果如同神奇的按钮，能立即接通他人友善的感情，因为它告诉对方：我喜欢你，我愿意做你的朋友。同时也在说：我认为你也会喜欢我的"。

　　郑欣是一家广告公司的部门经理，有一个事业有成的丈夫和一个甜美可爱的两岁女儿，生活幸福得令朋友们又美慕又嫉妒，可30岁生日刚过没几天，一个晴天霹雳的消息就打乱了她所有的生活，她得了乳腺癌。

　　她不得不面对残酷的现实，为了保住性命，只有牺牲掉相伴自己30年的乳房，在她最脆弱无助的时候，她的丈夫又渐渐疏离她、冷淡她，终于在一年后离开了她。

　　接踵而来的打击，击溃了郑欣最后的防线，她整日以泪洗面，生活也没有了信心，化妆、服饰、健身、美容沙龙等等这些被她阻隔在生活之外，这样的生活一直持续了一年多。

　　后来有一天，她看了一眼镜中的自己，这一看吓了她一跳，镜子里那个面容憔悴，眼睛无神，穿着邋遢的女人就是自己吗，以前那个充满自信和活力的郑欣哪里去了？

　　她走到镜子前，盯着自己，然后努力地扬起嘴角，这时，她发现了一丝生机。接着，她又让自己挤出了一些笑容，没想到心情似乎也开朗了些。

从那天之后，她就在手提包里装了一枚小镜子，有事没事的时候，总会对着镜子中的自己笑一笑，久而久之，微笑就变成了她的一个标志，她也慢慢从抱怨和愁苦中摆脱出来，开始乐观的生活。

后来，她又进了一家广告公司，不仅用自己的微笑结交了很多的好友，也把自己的快乐传递给了其他人。同事们总是喜欢和她一起工作，因为疲惫工作后，总能看到郑欣温暖贴心的微笑，而她也在重新出发的生活中遇到了属于自己的爱情。

美国一些心理学家发现，眼睛只能显露人的感情，而笑容却可以预测人生。真诚的微笑传递着宽容、善意、爱意、温柔、自信和力量，真诚的微笑是一个魅力女人的必杀技，有了优雅的姿态，再加上温柔动人的微笑，女人的气质自然就可以脱颖而出。

穿出女人的个性来

人们常说"字如其人""文如其人"或者"诗如其人"，也就是说书法、文章和诗词等艺术作品能够反映一个作者的个性。

同样的，一个女人的服饰、妆容也能反映她的个性。虽说现代女性的着装和妆容可谓千姿百态，但是每一个女人都应有属于自己的个性装扮。

打扮出女人的个性，不一定要浓妆艳抹，不一定要奇形怪状，不一定要故作另类，女人真正的个性体现是一种积极向上的态度，她留给别人的印象应该是充满美的享受和深刻记忆，不是让人心生厌恶或者过目就忘。

男人喜欢有个性的女人，没有一点个性的女人就像一潭平静的死水，激不起男人的兴趣，也无法获得他们的注意和好感。

有些女人以为做一个个性女人就是不管衣服适不适合就往身上穿，不管鞋子合不合脚就往脚上套，也不管口红颜色适不适合自己就往唇上擦，总之越是离经叛道，越是让他人奇怪，自己感觉就越好。

筱禾大学里就是同学口中非常"个性"的女孩，头发经常变换颜色，今天还是一头耀眼的红发，后天就成了一头的雪白，两只耳朵上有8个耳洞，鼻子上还有一个鼻环，手上的指甲颜色更是一天一换。

工作之后，她虽然在朋友的建议下，去掉了鼻环，但是在穿着打扮上，依然显得很另类，她的工作或多或少地受到了一些影响。有一次老板让她改变一下穿着，一是认为她另类的穿着不符合公司的形象，另一个也觉得筱禾其实穿正装更能显示她的个性。

但是她依然我行我素，还美其名曰："只穿自己喜欢的。"老板虽然没再对筱禾说什么，但认定筱禾并不知道什么才是适合自己的，这样的"个性"其实就是流于世俗的"没个性"，所以老板也不会把一些重要的事情交给她去完成。

　　一个女人的服装，不但能够体现出她的个性、品位，还可以透露出她在做人做事、人际交往方面的一些特性，就像筱禾一样，她所谓的"个性"，其实就是固执，给他人留下这方面不好的印象，也间接影响了她事业上的发展。

　　女人在挑选衣服、鞋子、化妆品的时候，一定要根据自身的特性进行选择，不要一味地去模仿别人或者跟随潮流。如果你是一个天性热情奔放，豪爽直率的女人，不妨在服饰的选择上大胆一些，牛仔裤、迷你裙、宽松衫都可以尝试一下；如果你天性矜持、略显拘谨，可以选择那些款式保守、色彩深沉的衣服，甚至可以尝试一下西装，这样的装扮有正派端庄之感；如果你是一个淡泊含蓄的女人，那就选择那些高雅洁净的服饰，这样的装扮更有一种悠然自得、超脱物外之感……

　　不同的女人通过不同的衣着装扮展现出不同的性情、不同的仪表、不同的神态和不同的风貌。一个有个性的女人在服装的选择上并不是一成不变的，真正个性的女人会随着环境和场合的变化，巧妙地利用服饰和妆容，来展现魅力的另一面，或者更多面。

　　　　乔在生活和工作中一直是一个中规中矩的女人，无论是穿着打扮上，还是与人交往方面，都谨小慎微，最常穿的就是正装，同事们一直认为她是一个非常传统、恪守死板礼节的女人。

　　　　有一天，同事买了三张地下摇滚乐团的门票，因为自己朋友临时有事去不了，所以就拿到单位转卖，看是不是有其他人想去。乔主动找到了这位同事，要求买那张多余的摇滚乐团的门票，同事刚听到乔要买票，吓了一跳，不过转念一想，也许是乔的朋友喜欢听摇滚呢，但还是忍不住问她给谁买票。

乔大方地承认说是给自己买的，自己平时很喜欢听摇滚，因为在无所顾忌的摇滚世界里，她可以暂时抛开体面、矜持、身份、习俗，放纵压抑的心情。

两天后，同事在表演场地的检票口等乔，当乔穿着宽大的T恤和黑色的牛仔裤，脚蹬一双白色运动鞋出现在自己面前时，同事呆住了，难以想象这就是平常那个循规蹈矩的乔，现在的她看起来运动、轻松、休闲，很有青春活力。

一进入表演场地，同事就看到乔大声地朝舞台上呐喊，双手一直没有停止晃动，甚至激情满怀地和演唱者一起高唱起来，此时表现疯狂的乔多了一份俏皮和可爱，少了一些刻板和教条。

第二天上班的时候，同事看到乔又恢复了正装，很不解地问她为什么不像昨天晚上那样穿，那样的她给人的感觉更鲜活。但是乔说，工作中的她更喜欢正装，这样才符合她上班族的身份。同事认为这样的乔非常有个性，改变了很久以来对乔的看法。

做一个有个性的女人并不难，难就难在你是否了解你自己，或者你是否想要改变你自己。有些懒惰的女人，一年四季一个发型，衣柜里的衣服永远就那么几件，懒得为自己化妆，懒得为自己挑衣服，懒得新添化妆品，像这样的懒女人不但会被别人说"没个性"，还会影响自己的生活态度。

　　萍是一个传统的贤惠女子，结婚之后，一门心思都在老公和孩子身上，整天就是围着灶台转，老公和孩子就是她的天，不但穿衣打扮没个性，从不化妆护肤，而且性格也渐渐变得很温顺，老公说一，她从不说二，是一个完全没有个性的女人。

　　她没有事业，也不出去交朋友，只是一味顺从地做着贤良淑德的小女人，一心认为自己可以这样过一生。

　　可几年后的一天，她竟然发现老公出轨，当她声泪俱下地控诉老公的不忠时，老公却告诉她说："我为什么会跟别的女人在一起？因为你太没个性了，一点儿趣味也没有，从结婚到现在，你的头发永远是随意扎起的马尾辫，衣服穿了好几年，换来换去就那一种颜色，连衣服的款式都没换过。你除了会带孩子做饭还会做什么，我要的是一个真正的女人，不是一个保姆。"

大多数男人和萍的老公一样，看重的是女人的个性，以及随着这种个性而散发出的属于女人的魅力。一个女人的婚姻和爱情幸福与否，不在于你找了一个什么样的男人，而在于你自己要时常保持鲜明的个性，这种个性可以通过你的打扮彰显出来，然后引导你的爱人或者身边欣赏你的人，喜欢你，接纳你。做一个有个性的魅力女人，让女人为你鼓掌，让男人为你喝彩吧！

爱美的女人让男人仰慕

"士为知己者死，女为悦己者容"，这句流传至今的诗句成为大多数女人装扮自己的最好理由——为了取悦他人而装扮自己。其实，女人更应该为了取悦自己而变美丽。

"谁不能主宰自己？谁就永远是一个奴隶。想左右天下的人，须先左右自己。"苏格拉底的这句名言可以转换成：哪个女人不能主宰自己的容颜，她将永远是一个奴隶，想要取悦他人的女人，首先就要取悦自己。

当意识到美的那一刻，女人就开始关注起自己的容颜，然后随着年龄的一天天增加，她会越来越关注自己的妆容，把大量的时间、金钱和精力花在上面。

但并不是所有的女人都这样，有些女人也喜欢素面朝天，但是素面朝天不是让自己看起来邋遢凌乱，而是让自己干净整洁，这也是取悦自己的表现。

苏晓是一家时尚杂志社的编辑，除非要去参加一些重要场合和时尚派对，她才会化精致的妆，穿一些时尚的礼服，平时她总是穿宽松的大T恤，配上一条简单的牛仔裤，脚蹬一双运动鞋，这种打扮总让苏晓觉得特别舒服和自然。

有一天晚上，她和朋友参加一场大型的时尚派对，并且在当晚的舞会上认识了让自己心动不已的白马王子志凯，而志凯也被眼前这个长相甜美，打扮时尚的女孩深深吸引了。他们两个在派对结束后互留了电话号码，没过多久就确定了恋爱关系。

志凯决定把女朋友介绍给自己的朋友认识，于是在下班后给苏晓打了电话，让她晚上赴约，而苏晓穿着她的大T恤、牛仔裤就去了。

苏晓赶到约会地点的时候，志凯和他的朋友们已经到了，可是当看到穿着一身休闲装，只化着淡妆的苏晓时，志凯的朋友们都显得有些失望，还有一个朋友开玩笑似的对志凯说："你是不是太抠了，连给你女朋友买化妆品和衣服的钱都没有。"

志凯听后也显得很尴尬，苏晓虽然不动声色，但是心里也觉得是自己让男朋友没面子。

从那天之后，苏晓开始改变自己，为了让男朋友带自己出去很有面子，她开始每天花很长时间化妆，去网上买一些流行的衣服，没事的时候就翻看那些时尚杂志。

一开始的效果确实不错，同事们都称赞苏晓越来越漂亮，男朋友也常夸赞她越来越美，还经常约她和自己的朋友一起出去玩，这些都让苏晓感到很高兴，但同时也让她的心越来越累。

终于有一天，苏晓向志凯提出了分手，她对志凯说："我很喜欢你，但是因为喜欢你而不断地委屈我自己，改变我自己，然后达到取悦你和取悦他人的目的，我真的很辛苦。我喜欢化淡妆，喜欢穿着大T恤和牛仔裤，我平时更喜欢穿运动鞋，我曾为了你试着改变这一切，可是到最后我发现这样的改变只会让我更累，我觉得失去了自己，只是为你活着。现在，我要为自己而活。"

分手之后的苏晓依然像从前那样穿着打扮，工作中时尚靓丽，工作之余就休闲舒适，最重要的是经过这一次的恋爱让她懂得了女人要为自己而美丽，一切美丽的装扮都要为了自己，而这样的自己也必定会得到他人的喜爱。

不管怎样倾城倾国、沉鱼落雁的美貌，也不可能得到每个男人的喜爱，更不可能让所有人都拜倒在你的石榴裙下。既然如此，又何必费尽心力地讨好、迎合他们而委屈自己呢？女人要为了自己心中的渴望而活，要为了自己而变得美丽多姿。

一个懂得取悦自己的女人，一定更懂得打扮自己，更懂得怎样的装扮会让自己充满自信，感到舒适。从发型、化妆品的选用，到服饰的搭配和鞋子的颜色，每个细小的选择都表现出自己对生活的喜爱。

琳达33岁，是一位5岁孩子的妈妈，因为生活琐事的侵扰，鱼尾纹已经悄悄爬上她的眼角，岁月在脸上留下的痕迹让琳达感到有些难过，再看看自己身上的家庭主妇装扮，她下定决心要改变自己的现状。

首先，她去了美发店，将自己的一头长发剪成了干净利落又时尚的短发，看着镜子中显得年轻、清爽的脸庞，琳达更坚定了改变自己的决心。

接下来，她去了一家打折的化妆品店，让店员根据自己的肤质选择了几款化妆品，回到家后，她就开始在脸上描画起来，看着愈发美丽的容颜，琳达心情愉快极了。

第二天，她又特意去买了衣服和鞋，而且用心地挑选了一些小配饰，她希望自己看起来很完美，每一个小地方都无可挑剔。

改变仿佛给琳达的生命注入了新的活力，心情也变得轻松了，生活中那些平常惹她生气和厌烦的小事，好像也没有那么让人难受了。

最重要的是，平时不喜欢让她去幼儿园接送的儿子也改变了自己以往的态度，其中最大的原因就是儿子认为他有一个美丽时尚的妈妈，其他小朋友都羡慕他。

女人打扮自己不单单是一种爱美的表现，更是一种自我调节心境的好方式。阳光洒满世界的清晨，挑选一件自己喜欢的衣服，然后化上精致的妆，走到一家安静优雅，流淌着动人乐曲的咖啡馆，在浪漫的氛围中慢慢品尝着香香的、浓浓的热咖啡，偶尔望着川流不息的人群，想象着曾经留存心底的美好记忆，偶尔低头沉思，眼神里散发出深泉般吸引人的亮光。这样温柔娴静的女人怎能不让人沉醉？

懂得取悦自己，懂得一个人时也享受生活的女人，会从内心深处散发出一种自信，而这种自信又会使她在为人处世上从容、大度，不会陷入世俗的旋涡中。

一个拥有得体的装扮、丰富的见识、优雅的仪态、温和的态度的女人，无一不透出她迷人的魅力和高贵的气质。而懂得取悦自己，为自己而美丽的女人一定是个聪明的女人，一个喜爱自己的女人。

女人爱自己，绝不是自恋，而是由理智、客观地对自己的认识引发出来的自信。这样的女人不但光彩照人、落落大方，而且在醉人的笑容里有一股高贵凛然的气息，让男人仰慕的同时又有些敬畏。

打扮出自信女人

每一个女人无论在什么年纪都希望自己光彩照人，但是岁月在脸上刻画的痕迹，不会随着心中的渴望而消失。美丽的容颜或许能够依靠现在高科技的手段恢复，但是终究不是长久之计，唯有从心中散发出那种恒久不变的自信，才能让一个女人保持永恒的魅力，散发出耀眼的光芒。

自信是一个女人由内而外的魅力体现；自信是一个女人成功的基础；自信是一个女人幸福生活的开端。世界上能让女人最快最直接获取自信的方法就是通过巧妙地打扮，装扮自己会让脸上瞬间绽放自信的光彩。

平凡的辛德瑞拉为什么能成为王子舞会上最耀眼的那个女人，如果不是有仙女的魔法棒给了她一件华丽的衣服，还有一双耀眼的水晶鞋；如果不是让她从阁楼上不自信的灰姑娘变身为美丽高雅的公主，她不可能得到王子的垂青的，最后也不会得到幸福。

有人说，每一个女人都有灰姑娘情结，都希望用仙女的魔法棒，给自己带来想象中的幸福。其实，这根仙女的魔法棒每一个女人都有能力拥有，而且一生都不会消失，那就是打扮。只有通过美丽得体的装扮，才有可能从不自信的灰姑娘变身高雅自信的公主，然后有机会找到属于自己的幸福。

　　瑞是一个很普通的女人，结婚三年，有一个很可爱的儿子，就像大多数已为人母为人妻的女人一样，瑞一直都没有把心思放在打扮和修饰自己上，而把更多的时间放在家务、孩子、闲聊上，丈夫有好几次暗示她去美容院去美容，她都没太在意，总认为自己结了婚就算定了形象，没有必要大费周章和浪费金钱去买衣服、买鞋子和护肤，所以32岁的她在外人看来都有40岁了。

　　直到有一天，瑞去见了自己的好友秋，才改变了自己的想法。她看到比她还大两岁的秋，看起来就像20多岁的小姑娘，穿的衣服鲜艳亮丽，脸上的皮肤还是那么的光滑白嫩，最重要的是原先有些自卑害羞的秋，现在脸上洋溢着自信的笑容，无论是言行还是举止都比以往她看到的秋更端庄更优雅。

　　瑞十分不解，只是短短两三个月没见，秋怎么从一个30多岁的自卑女人变身为一个充满自信的20多岁"年轻女孩"。秋说自己的转变要从三个月前的一次舞会讲起，当时临近元旦，秋所在的单位准备组织一场晚会，而且要求所有的员工必须表演节目，实在没有特长的，也要参加最后的舞会，上场跳舞。

　　以前在大学的时候，秋学过一段时间的舞蹈，后来因为自卑和害羞就不再去舞蹈社了，她总认为自己的舞姿笨拙，跳起来的感觉也没有别的女孩看起来那么优美，所以从此之后只一个人偷偷在家里练习，孤芳自赏。后来结了婚，就更没有信心和闲情跳舞了。

就在元旦舞会的前一个星期，和秋私下关系最好的单位同事刘姐鼓励秋参加舞会，并且让她教其他几个不怎么会跳舞的女同事简单的舞步，秋推脱再三只好答应。但是第一天秋就打起了退堂鼓，当她站在那些年轻又打扮时尚的女同事面前时，总觉得自己看起来像个乡巴佬，哪有土里土气的"丑小鸭"去教那些看起来时髦的"白天鹅"呢？

最后，还是刘姐说服了她，并且带她去了一家专业的美容中心，重新为她设计了一个时尚又极适合她的发型，护理了皮肤，并且在美容师的建议下，去服装店选了几件搭配起来很显女人身材和魅力的衣服，最后又去鞋店选了一双高跟鞋。

经过一番精心的装扮，秋整个人变得不一样了，看着镜子里那个完全不一样的自己，秋竟然有一股想哭的冲动，没想到自己还可以如此的美丽。

改变了形象，走在大街上的时候，她觉得每一个人的目光都在她的身上停留，女人眼中的羡慕和男人眼中的欣赏，无形中给她注入了一股力量，以前总是低着头匆匆行走的秋，此时勇敢地抬起头，露出自信的笑容，像一个女王般优雅地往前走去。

元旦舞会上，秋的惊艳亮相，着实让她在单位里出尽风头，成为当晚舞会上最受关注的女人，而她自信地翩翩起舞，又让人们的眼光无法从她的身上移开。

舞会结束之后，很多同事都问秋，她以前是不是专业舞蹈演员，因为她的舞步看起来那么专业优雅，充满情感和自信。秋只是神秘地一笑，没有回答。

　　从那之后，秋开始对自己的外在形象重视起来，她不但会去听一些专业的美容课，还买了几本色彩搭配和美容养颜方面的书。每天晚上睡觉前，她都会做一个面膜，就这样她的皮肤变得越来越好，早上出门的时候，她看着镜子里那个穿着时尚，越来越年轻的女人时，会情不自禁地露出自信的笑容。

　　瑞没有想到外在形象的改变，竟然可以让一个女人变化这么大，不但让秋从自卑变得自信，也间接地改变了她的生活态度。

　　回到家之后，瑞也开始试着改变自己的外在形象，她特意请教了秋怎样选择适合自己的衣服、化妆品等等，并且去剪了一个更适合自己更显年轻的发型。

　　以前瑞不喜欢参加单位组织的活动，但是经过一番外在形象的改变之后，瑞觉得和同事的关系变得好多了，还有很多女同事会请教她买哪一些化妆品能让自己更显漂亮等等。现在的瑞比以前过得更加充实和开心，做什么事情都有了自信。

　　自信就像一个大的发动机，它能提供给女人在任何一方面所需要的能量，无论最初的自信来自哪里，到最后它都可以转化为女人内心最真实的力量，继而改变她们的生活态度。

　　女人因美丽而自信，因自信而更美丽，这就像一个良性循环，女人用美丽和自信为自己创造了一个不一样的绚丽天空。美丽自信的女人是一道独特的风景线，不但绽放着灿烂的生命，同时也久久留在别人眼中乃至心中，成为挥之不去的美妙景象。

女人的美丽也许就是来自一件漂亮合体的衣服、一个散发着美丽光泽的唇膏、一双尽显女人味的高跟鞋……

女人的外在美无论何时何地都非常重要，即使生活已经将女人侵蚀得面目全非，女人依然可以打扮自己，重新奏起美丽的乐章，焕发生命中的自信光辉，然后让这自信再次激起幸福和成功的音符，伴随着女性开始一个美丽而又充满活力的新生活。

美丽女人更易叩响机遇之门

2009 年 11 月 16 日也许对于很多女人来说是一个很平常的日子，但是在这一天，一个美丽的中国女孩却成为焦点，她就是上海交大的美女研究生王紫菲。

这天，美国总统奥巴马在上海与中国青年进行对话，就连奥巴马本人也没有想到，本属于他的镜头竟然被身后那个优雅端坐、美丽大方的女孩抢走了。王紫菲在人群里非常显眼，她被记者的镜头牢牢地捕捉进入人们的视线中，她的美丽外貌和优雅仪态格外地抢镜，一个记者因为不忍心错过有关她的镜头，就连她脱去红色外套的细节都完整记录下来，镜头里王紫菲的美丽被完美体现。

这样的机遇让原本默默无闻的王紫菲在网络上一夜爆红，有很多人断言，王紫菲的机遇来了，今后她的成长之路一定会比其他的女孩更顺利也更易接近成功。

很多人说王紫菲因美丽而走红，只是太多的巧合碰到一起，所以机遇之神才会找上她，但是王紫菲本人却认为，如果不是自己平常就注重修炼外貌和气质，机遇是不会这么凑巧就降临在她身上。一个必然的发生是由很多偶然组成的，正是自己对美丽的关注，才有了机遇的眷顾。

美丽可以为你成功搭建一座桥梁，让你早一点接近理想目标，少走一些弯路。

> 马晓是一家外贸公司的会计，今年已经36岁，每天过着朝九晚五的规律生活，虽然心中想得最多的是家庭和工作，但是她还是会把一些时间花在自己的身上。
>
> 每个周末她都会去美容院，有时会抽出时间去听一些美容讲座，她还给自己办了一张瑜伽训练卡，周末去健身馆学瑜伽，即便晚上在家也会花费1小时左右练习瑜伽，既修身养性，又增加了自身气质，朋友们都说她只有28岁。
>
> 有一次，马晓的公司和一家日本公司合作业务，日本方面的代表看到马晓的穿着得体，举止优雅，以为她是这家公司的经理，就和她攀谈起来。
>
> 马晓最擅长的就是日语，仅仅一个小时，日本代表就被她的见地还有浑身散发的气质折服，爽快地答应签约，而马晓因为这次机遇意外的成功，不但晋升为业务部的主管，而且获得了一笔很丰厚的提成和奖金。

人们常说："机遇总是青睐那些有准备的人。"没错，机遇青睐那些为成功而不断努力的人，同样青睐那些为美丽而不断修炼自己的女人。漂亮的女人总是最惹人注意，也因此获得机遇之神的关注。世界上有那么多的女人，要成为最惹人注目、最特别的一个，修炼现在是必不可少的。

美丽的外貌、时尚靓丽的服饰、优雅的言谈举止，这些外在美是一个女人对外最大的说服力，也会给她带来更多的机会，使她更容易成功。

香港的新闻之花张宝华一直认为，一个女人的外貌，特别是一个电视女主播的外貌非常重要，她曾直言不讳地说："如果大家都是freshgreen（新人），一个样貌好，另一个则样子稍逊，外貌讨好的，出境机遇会比另一个人多得多。外表不足亦既是上镜条件不足，这是很公平的。"

无论是特别注重样貌的演艺圈女明星、女主播也好，还是普通生活中的家庭妇女、上班女郎也好，好的外在总能带来更多一些机遇，能给女人的生命以新的希望和活力，甚至改变一个女人的生活态度，提高她们的生命价值。

29岁的玲玲遇到了24岁的张涛，就像很多爱情小说写的那样，她和他一见钟情，然后排除万难结婚了。

婚后的玲玲一心扑在家庭和事业上，也不像没结婚之前那样经常去美容、瘦身、买衣服，仅仅过去了两年，原本时尚靓丽的她就变成了"黄脸婆"，而最让她受到打击的是与张涛的婚姻没有经受住"七年之痒"，以离婚告终。

拿到离婚证的那一天，玲玲悲痛欲绝，但是她没有一蹶不振，开始重新改变自己。在37岁那年，她学会了美容，学会了装扮，学会了怎样让自己变得更漂亮，更有魅力。

虽然已经37岁，但是经过用心的打扮之后，比实际年龄看起来要小很多，而且有一股成熟的知性女人的魅力，到了39岁那年，她已经有了一家自己的小公司。

玲玲说，自己的年龄已经不小了，40岁，是女人人生的一个大关，她不能让自己灰头土脸地走进40岁的门槛，而是要高昂着头颅，迈着自信优雅的步子，举着胜利的双手走进去。

她离婚之后，没想过自己还可以获得成功，能有一家自己的公司，她说一切成功的开始，一切机遇的眷顾，都是从她试着改变自己的衣服、口红颜色、鞋子的款式……开始的。

当一个女人注重外在美的时候，她的内心、她的生命、她的生活，甚至她周围的一切都变得不一样，她也在别人的眼中变得不一样了，变得更加具有吸引力，更加具有魅力，具有改变一切的活力和力量，也会获得对自己生命的掌控力，具有哪些感染、影响他人的神奇力量，而机遇之神也更偏爱她。

上帝对每一个女人都是公平的，给予每一个女人的机遇也都是相同的，在现实生活中，有些女人聪明地想尽办法抓住了这些机遇，而有些女人却让这些机遇擦身而过，还抱怨是上天的不公，责怪机遇为何总不垂青自己。

一个有魅力的女人，一定会关注自己的外在美，会用自己的装扮、容颜、仪态、举止等去作为靠近成功的"资本"，当这些"资本"已经够了的时候，机遇就会在你"一不留神"的地方出现了，然后你可以抓住这个机遇，走上幸福和成功的台阶。

美丽的女人为幸福加分

有一个男人这样说："我是一个在乎女孩儿外表的男人，我相信爱情需要感觉，但是又不全相信。我喜欢漂亮女人，因为找一个女朋友，是要天天面对的……当然她不用太漂亮，但起码要让我看着顺眼，感觉舒服。如果你都不敢正视对方的脸，看着对方的眼睛，那你的感觉从何而来，你的爱又从何而来？"

还有一个男人说："我当然很在乎一个女人的外表，不过每个人的审美观点不一样，看一个女孩不能只看外貌，还要看她的衣着，以及言谈举止。外在在男女之间的爱情中应该占较大比重。"

以上两个男人的观点虽然不能代表所有男人的想法，但是绝大多数的男人心中都是这样想的，他们嘴上说着："我不在乎她长什么样子，只要她心灵美就行了。"

但行动的时候又把目光放在那些长相漂亮的女孩身上，心中还在不断地比较哪个女人更漂亮。如果碰到一个心灵美，但是外在差些的女孩，男人也不是很愿意娶这样的女孩，而一个漂亮的老婆，会让男人的虚荣心得到极大满足。

徐芳今年33岁，在一家政府部门上班，平时工作很清闲，收入也不错。儿子在一所寄宿学校读高中，她的老公是一家私企的经营者。徐芳的日子过得稳淡从容，是周围女性朋友羡慕的对象，可就是这样一个在外人看来过着"神仙般日子"的人，最近却有了新的烦恼。

徐芳发觉老公似乎越来越不喜欢带她出席一些社交场合，每次出外应酬总是一个人打扮光鲜地走了，只丢给她一句："别等我了，我晚上不回来吃饭！"

然后扬长而去。刚开始徐芳不以为意，但是像这样的情况多了之后，她终于忍不住抱怨起老公。

面对妻子的质问，老公只是叹着气说："难道你自己还不知道原因吗？你也该注意一下自己的形象问题了，别人的老婆个个光鲜亮丽，可我的老婆却看起来像20世纪的古董，你说我怎么带你出门，带你出门我的面子又往哪儿放？"

听完老公的话，徐芳不自觉地低头扫视了自己一眼，或许是因为工作的原因，徐芳的穿着打扮不免也沾染了正统和按部就班的味道，想一想自己的衣橱里基本只有黑灰蓝棕四种颜色，而且衣服的款式也是一成不变。

徐芳总是觉得一个快到35岁的女人，结了婚，还在政府单位上班，穿那些颜色鲜艳款式新潮的衣服已经没必要了，只要能够穿得稳重一些就可以，而且抬眼望去，和自己差不多年纪的女人，穿着也几乎一样的女人不是很多吗？再说提倡穿衣简洁朴素有什么不对吗？徐芳越想就越迷茫，开始对女人形象这个问题有些搞不懂了。

不过，为了解决她和老公之间出现的问题，徐芳决定改变一下自己的形象。她去请教了一些美容方面的专家和老师，让他们给自己提出一些建议，然后根据色彩专家的意见挑选了一些适合自己肤色和身材的衣服，而且她也开始关心起自己脸部的护理。

经过一番改变之后，徐芳从原来那个略显古板的33岁女人，变成了一个有活力、穿着亮丽的33岁美丽女人。

老公看到妻子的改变非常开心也非常感动。现在参加一些社交活动，他一定会带着自己的老婆去，有时候徐芳不想去，老公还想着法地讨好她让她去，因为徐芳不但变得外表亮丽，谈吐也非常的优雅，在他们的朋友群里非常受欢迎。

只要有徐芳在的场合，就不会有冷场的事情发生，所以说有这样一个魅力感十足又带得出的老婆，哪个男人不喜欢到处带着显摆呢！

周国平曾说，爱情总是失败的，不是败于难成眷属的遗憾，便是败于终成眷属的厌倦。婚姻和爱情是男人和女人之间一场长长的拉锯战，当一方厌倦了，就会有意无意地放手，表现出对对方的失望和冷落，而通常在这场拉锯战中，女人比较执着，男人比较洒脱，所以为了婚姻的幸福，女人应该主动一点改变自己，让男人的眼光始终停留在自己身上。

但是很多女人根本没有意识到改变形象对自己是多么的重要，只是主观地把一个人的好形象归结为是一种与生俱来的优势，是上天对这类漂亮女人的特别恩赐。

其实一个真正美丽的女人，不单单是外貌美，还包括她穿衣打扮的品位，她的言谈举止，她的仪态神韵，而这些都将成为一个女人的幸福资本。

虽然漂亮的外貌不是每一个女人都能拥有的，但是通过打扮就能让自己变得美丽起来，它可以在你需要的时候帮助你度过很多的人生困境。

美丽女人不一定是花瓶，如果把自己放在一个合适的位置，尽力展现自己的价值和才华，那么美丽女人就是一件有观赏价值和收藏价值的艺术品。

明美是第一眼就能给别人留下深刻印象的美丽女人，她穿着裁剪合适的衣服，亮丽又不扎眼，她的皮肤被护理得白皙而又动人，淡淡的妆容显得她更加的优雅洁净。

在大学的时候，她就像个丑小鸭无人问津，即便鼓起勇气向心仪的对象告白，也因为外在形象而被拒绝。

明美一直认为自己不漂亮，也不会像那些漂亮女孩一样把自己打扮得很漂亮，直到她再次鼓起勇气向心仪的人告白时，对方不屑地说："我不是王子，没打算找灰姑娘。"

明美伤心的同时，也明白是自己糟糕的外在形象让爱情再一次折翅，所以她痛下决心，一定要改变自己的形象，让自己从丑小鸭变为白天鹅。

美容、服饰、礼仪、演讲……只要是能够给自己外在加分的课程，她都去学习。一番辛苦努力下来，终于有了重大改变，她真的从一个无人关注的丑小鸭变成了举止优雅的美丽女人，而且成功吸引了男士们的目光。

明美的改变不仅在外表，她的内心也发生了变化，现在的她不再追逐乞求爱情，而是安然地等待爱情的降临，看待生活也更加积极乐观，拥有了更多的自信和勇气。

如果一个女人对自己的形象懈怠了、放松了，那么她的魅力也就减弱了；相反，如果一个女人开始注意自己的外在形象，并且朝好的一面去改变，那么她就会变得有吸引力、有品位，更有魅力。

与其留住青春，不如装扮容颜

莎士比亚曾说："青春是一个短暂的美梦，当你醒来时，它早已消失无踪。"没有一个女人不想留住美好的青春，但是岁月无情，女人终究会在残酷的年轮中走完一个春秋又一个春秋，然后一路悲叹青春的消逝，自己的生命之花日渐枯萎。

其实与其徒劳无功地想要留住青春，不如多费些心思装扮自己的容颜，让生命重新焕发活力和美丽。

杜拉斯在《情人》中这样写道："我已经上了年纪，有一天，在一处公共场所的大厅里，有个男人朝我走过来。他在做了一番自我介绍之后对我说：'我始终认识您。大家都说您年轻的时候很漂亮，而我是想告诉您，依我看来，您现在比年轻的时候更漂亮，您从前那张少女的面孔远不如今天这副被毁坏的容颜更使我喜欢。'"

这个情节，反映出男人看重的还是女人的容貌，无论你是 20 岁的青春少女，还是 30 岁的成熟女人，抑或是花甲之年的老妇，首先呈现在男人面前的就是你的容颜，其次才是你的性格。

意大利传奇设计师瓦伦蒂诺曾说："对于女性，我不能忍受一个女人从背后看上去只有 16 岁，但一回头却发现她至少 60 岁了。"假如一个女人没有吸引人的外在，那么别人恐怕就没有兴趣去了解她的内心，所以一个有魅力的女人首先就要呈现的就是好的形象，然后再去展示你其他更有魅力的地方。

　　小柔是一家时装公司的经理助理，她非常喜欢服装设计，也很有设计天分，一直希望有一天能够做设计师。

　　公司经理和同事们一直都以为那只是她的业余爱好罢了，而且她平常都是穿牛仔裤、大T恤，有时为了工作需要也会穿一些正装，她选择衣服的品位根本体现不出她设计的天分，所以没有人愿意相信小柔，也从没想过要给她一个展示的机会。

　　刚进这家公司的时候，小柔也想着找准机会表现一下自己的设计才华，但是周围人怀疑的眼光也让她对自己产生了不信任，难道自己真的不是做设计师的材料？

　　有一天，公司新来了一个设计总监，经理暂时调派小柔去他那里帮忙。一次偶然的机会，这位设计总监看到了小柔画的衣服草稿，他一开始也很怀疑，穿着随便、土里土气的女孩竟有设计方面的才华，直到亲自看着小柔画完设计图，他才完全相信。

　　这时，设计总监有些惊喜又有些惋惜地说："如果你在衣着装扮上做一下改变，凸显你选择服饰的眼光，那么你还可能有更多的机会。"

　　听完这位总监的话，小柔终于觉察出自己身上的问题，她决定告别牛仔裤和大T恤，穿一些设计新颖、能够体现自己品位的衣服，同时，她也学起了化妆，让自己显得更精神一些。

改变形象之后的小柔呈现出一种果敢的知性美，而她的设计才华也不断被发掘出来，没过多久她就被经理调到了设计部，做起了实习设计师。半年之后，她就成功晋升为正式的设计师，开启了自己期望已久的梦想之旅。

成功当上设计师的那一天，小柔对朋友说："我一直以为人只要自己感觉舒服，想穿什么衣服就穿什么衣服，不想化妆就不必费那么多时间在脸上，也一直坚信'只要是金子，迟早会发光'，但是金子如果不剥去泥土和沙砾的外衣，又怎么能被发现呢？女人如果没有一个好形象，怎么能呈现自己的美好呢？"

女人在任何时候都要首先注意自己的外在美，让化妆、服饰、仪态成为自己的一种生活习惯，而这种习惯一旦养成，不但可以留给他人一种美好的印象，得到更多的成功机会，同样可以显示出自己一种健康积极的心态，增加女人的快乐和自信。

当女人青春不再时，依然可以用"妆容"留住爱情和婚姻，留住对生活的热爱和希望。

也许就像三毛说的那样："人之所以悲哀，是因为我们留不住岁月，更无法不承认，青春，有一日是要这么自然地消失而去。而人之可贵，也在于我们因着时光环境的改变，在生活上得到长进。"

青春年少时，女性有姣好的容颜和身段，有吸引男人眼光的激情和朝气，虽然随着时光的流逝，容颜渐渐老去，身材也开始走样，但是这些都可以通过打扮得到改变，而心灵和生活的积淀也使我们比青春年少时更丰富、更有内涵，这些也是对一个女人来说最重要的资源。

　　一个女人即便成为年华已逝的老人，她也有创造美，享受美的权利，更何况这种美能让女人充满活力和自信，并且随时都能拥有快乐向上的好心情。

内在也需要外貌做代言

　　西方国家有一句著名的谚语："男人喜欢漂亮的配偶，女人则喜欢能赚钱的伴侣。"美国一些心理学家通过调查研究发现，男人和女人在择偶时的第一感觉其实是差不多的，他们最先考虑的是身体和生理上的吸引力，然后才接着考虑个人性格方面的因素，至于男人赚钱的能力，女人们把它排在了第三位，所以男人和女人在见第一面或者选择未来伴侣都是先"以貌取人"的。

　　无论是西方国家还是东方国家，对待内在美和外在美的问题上，都有着异曲同工的结论。

　　中国调查网在2009年末就"现代社会内在美和外在美哪个更重要"做了一次调查统计，有515名社会男女参加了此项调查，已近不惑之年的70后和跨进而立之年的80后占总人数的92.1%。其中有一项问道："你觉得哪种人更能吸引你"时，有39.4%选择了外貌漂亮，32.2%选择了内心善良，而当问道："你怎么看待整容"时，有超过半数的人表示赞同。

　　由此可见，在现实社会中，人们最看重的是一个人的外貌，其次才是内心，第一印象是最直观的感受，而内在则需要通过外在表现出来以后才能被别人发现、了解。

就像朱自清先生在《女人》一文中描述的那样："我以为艺术的女人第一是有她的温柔的空气；使人如听着箫管的悠扬，如嗅着玫瑰花的芬芳，如躺在天鹅绒的厚毯上。她是如水的密，如烟的轻，笼罩着我们；我们怎能不欢喜赞叹呢？这是由她的动作而来的；她的一举步，一伸腰，一掠鬓，一转眼，一低头，乃至衣袂的微扬，裙幅的轻舞，都如蜜的流，风的微漾……"

朱自清在字里行间所描述的那类艺术女人，正是通过一举手一投足，通过每一个细小的外在来展示自己由内而外散发出来的那种醉人的美。无论是外在美还是内在美，都是美的表现形式，如果非要分出个主次的话，外在美对内在美是具有一定优势的，因为内在是需要外在才能更好地体现出来的。

　　小曹是一所中学的语文老师，从她有记忆开始，父母因为一些生活琐事就争吵不停，或许就是因为这样，间接影响了她的性格，让她变得孤僻、懦弱，害怕婚姻。又因为自己长相不漂亮，自卑心理也很严重，也没有多少朋友，直到35岁的时候还是孤身一人。

　　小曹读过很多书，也写过很多文章，甚至还在杂志上发表过，但是当周围的人看到杂志上有小曹的名字时，都不相信长相一般，又不善于穿着打扮的她，写的文章还能上报纸。而小曹也不多加解释，她总觉得自己长得不好看，也害怕听到别人说："丑人多作怪"。

　　有一天，一家杂志社的编辑找到了小曹，希望她能在他们杂志上开辟专栏写一些文字，这么好的机会，小曹不想错过，于是就答应了，可是对方有个要求，就是希望每一期都要有一张她的照片放在专栏的首页。

听到这里，小曹退却了，虽然她很有才华，但是自己没有漂亮的外貌，一想到杂志是要给成千上万的读者看的，小曹就觉得自己这种形象上不去台面，但摆在面前的这个好机会错过太可惜了。

于是，小曹鼓起勇气，去了一家照相馆，平生第一次化了妆，穿上一件亮丽时髦的衣服。照片出来后，大家都说小曹照得好看，第一次被别人夸好看，小曹激动得一夜没睡，从那之后，她开始慢慢改变，化上素雅的淡妆，穿一些稳重又略带活泼的衣服。

外在形象的改变不但改变了小曹的生活态度，也改变了她看待生活的眼光，以前小曹总认为自己周围的世界就是暗色的，没有生机的，所以穿的衣服也选择暗色，她不喜欢交朋友，就连写出的文字也总是带着忧伤。

而现在的小曹，脸上的笑容多了起来，说话声音也亮了许多，文字中更多的是赞美生活的美好，让人们去乐观积极地生活，去发现生活中的美，创造生活中的美。

没过多久，又有一家杂志社的编辑找到小曹，跟她约稿，在和小曹熟识之后，这位编辑对小曹说："其实很久之前我就注意到你的文字了，也曾找过你，但是那时候的你和现在的你有天壤之别，当时我想也许你很有文学才华，但是我不确定那样的你是否能写出美的文字，毕竟我们做杂志是想要传递一种希望，一种美好的向上的生活态度。"

　　小曹没有介意这位编辑的直言不讳，而是庆幸自己有所改变，无论这种改变是好还是不好，她都认为自己通过改变外在而得到的一切非常珍贵，因为现在出门打扮已经不仅仅是为了外在的美丽，而是为了体现出自己内心的一种追求，一种态度，更重要的是她有了更多的机会展示自己的才华。

　　"她有如此的美貌，以至于她不必拥有如此的才华；她有如此的才华，以至于她不必拥有如此的美貌。"这是费雯丽凭借《乱世佳人》获得奥斯卡最佳女主角时获得的评语，这也许最能说明一个女人外在美和内在美之间的那种难以言明的关系。

　　内在和外在都是修炼魅力女人必不可少的手段，如果说一个女人的容貌、服饰是气质之形，那么这个女人的阅历、学识、修养、品位就是气质之本，只有外在气质和内在气质完美结合的女性，才能算是真正修炼成功的女性。

优美的仪态为女性加分

　　培根说："形体之美胜于颜色之美，而优雅的行为之美又胜于形体之美。"优雅端正的体态、敏捷协调的动作、优美的言语、大方的修饰、甜蜜的微笑和具有女人特色的仪态，会给人留下美好的印象。

　　美的含义是多方面的。一个女人美与不美，不完全只是看脸长得漂亮与否。脸长得漂亮，对整个形体来说，确实是美的一个组成部分，但不是全部。有些女人尽管长相漂亮、衣着时髦，但是站无站相、坐无坐相、举止忸怩、表情呆板、谈吐粗俗，使人感到整体不协调，很难给人以美的感觉。由此看来，仪态美比脸部美更具吸引力。在别人的第一印象中，吸引人的往往是人的整体仪表、气质和风度。

女人如何才能做到仪态美呢？

站的仪态

优雅自然的站立姿势，重点在脊背。站立应做到挺、直、高。在站立时，身体各主要部位应尽量舒展，两腿并膝直立，头不下垂，下颌微收，眼看正前方，胸不含，肩不耸，应沉肩，背不驼，髋膝不打弯，微收臀、收腹，这样就会给人一种挺拔俊秀、精力充沛的感觉。

如果哈腰驼背、腿髋打弯、腿摇、手臂乱舞，则会给人一种轻浮之感，而且也会影响身体健康。不妨关注女舞蹈演员和女体操队员的站姿，并细细体会、练习。不久的将来，你也会发现自己的站姿会变得"亭亭玉立、优雅动人"了。

站着等人时，要把身体的重心放在一只脚上，另外一只脚则微曲，并且要拿出精神来，不要使自己弯腰曲背。另外，还要注意被等的人可能来的方向，如果你不介意地东张西望，被等的人走到你面前才如梦初醒似的吓了一跳，那是不太礼貌的。

坐的仪态

端庄优美的坐，会给人以文雅、稳重、自然大方的美感。正确的坐姿应该：腰背挺直，肩放松。女性应两膝并拢；男性膝部可分开一些，但不要过大，一般不超过肩宽。双手自然放在膝盖上或椅子扶手上。

在正式场合，入座时要轻柔和缓，起座时要端庄稳重，不可猛起猛坐，弄得桌椅乱响，造成尴尬气氛。如果着裙装，落座时应用手把裙子向前拢一下再坐下。坐稳后身子一般只占座位的三分之二，两膝两脚都要并拢。不论何种坐姿，上身都要保持端正，如古人所言的"坐如钟"。若坚持这一点，那么不管怎样变换身体的姿态，都会优美、自然。

走的仪态

走路时腰部松懈，会给人以吃重、衰老之感；走路时疲疲沓沓，拖着腿走路更显得难看。走路的美感，在于下肢移动时与上体配合形成一种协调、和谐、平衡对称的人体运动美。

优雅的走路姿态是：以胸领动肩轴摆，立腰提髋小腿迈，小腿迈出臀摆动，跟落掌接趾推送，双眼平视肩放松。一般人如能注意并掌握以上基本要领，走路时就会给人一种稳定、矫健、轻盈、优雅的感觉。

走路时，身体不要颠簸、摇摆，更不要摇头晃脑、左顾右盼。切忌迈八字步，如果有此毛病，请一定要注意纠正。要做到出步和落地时脚尖正对前方，抬头挺胸，迈步向前，穿裙子时走成一条直线，穿裤装时走成两条直线，步幅稍微加大，才显得生动活泼。

有的女人穿高跟鞋行走时腰挺不直、步迈不开，撅着屁股探着腰，很不雅观。

正确的要领是：开步时强调立腰、提气，腰部用力，迈步的同时迅速调动小腿和脚背髁关节肌肉韧带的力量，并迅速调整后背力量以支撑身体重心，腰关节伸直，脚后跟先着地，步子的节奏加快一点，这样就会使你的步伐显得轻快稳健而富有节奏感。

说的仪态

说话，最能表现一个人的文化素质和修养。说话的仪态美主要表现在：交谈时要大方，眼睛要自然地看着对方，这既表示尊重对方也可表现女性的自信和心地的纯洁。

　　语调舒缓，吐字清楚，声音高低得当，语气柔和，面带笑容，这样仪态自然会悦目优美。专心听对方讲话，使对方感到自己的话被你听取后，才会专心致志地听你说话，并努力去理解你的意思，切忌不要随意打断别人的谈话或把目光转向别处。

　　不可脱离对方的观点，如有不同的观点和看法，想想再说，要心平气和地交谈。

　　笑的仪态

　　笑，是七情中的一种，是心理健康的一个标志。对女性来说，笑也很有讲究。在日常生活中，常看到有些女性不注意修饰自己的笑容，拉起嘴角一端微笑，使人感到虚伪；吸着鼻子冷笑，使人感到阴沉；捂着嘴笑，给人以不大方的印象。

　　要想笑，嘴角翘，这是公认的美的笑容。达·芬奇的名画《蒙娜丽莎》被誉为永恒的微笑。美丽的笑容，犹如三月桃花，给人以温馨甜美的感觉。发自内心的笑是快乐的，切忌皮笑肉不笑，无节制的大笑、狂笑。经常大笑易使面部肌肉疲劳，滋生皱纹，狂笑会影响生理机能致病。

　　其他仪态

　　提手袋的时候：挺胸、抬头、收腹、脚要直、步伐不要迈得太大。

　　拾东西的时候：无论是穿裙子或长裤，拾东西时，不可仅把腰弯下，而把屁股翘得高高的，应该把两膝尽量并拢再蹲下，才会显得文雅美观。

　　握手的时候：眼睛和善地望着对方的眼睛，身体微微向前倾，右手自然地轻轻握住对方的手片刻，如果手上有东西，不要挂在肘弯上，而应用左手拿住。

　　理衣时：衣服有小褶皱或沾染上灰尘，可在独自相处时清理衣服，顺手抚去灰尘或抹平小皱。但如果被污染的面积较大，则必须到盥洗室整理。如果是内衣吊带滑落，则不能在公共场合就从衣服外面调整内衣。

站起来的瞬间：如去拜访朋友，在离开的时候，突然像弹簧似的一跃而起，那是很不文雅的。在起立之前，应先左手轻轻地扶住椅把，一只脚往后放，然后徐徐起立。

下车时：从车内出来，应该先打开车门，把脚以 45 度角从车门伸出，稳稳地踏住之后，再逐渐把身体的重心移上去。这样做稳重得体。千万不要一打开车门就先探出头来，那样子好像是被司机扔出来一样。

第二章
把生活过成想要的样子

生活有千百种可能，总有一种是你想要的样子。每个女人都在追求自己理想的生活，如果你迷茫、困惑，在喧嚣生活中迷失了自己，就静下心来认真思考一下生活的本来面目。请相信，只要你自律、勤奋、乐观，就一定能够把生活过成你想要的样子。

自律不难，难的是长期坚持

"严于律己、宽以待人"，很多人都把这句话视为金玉良言，不但用来自我反省，而且还用来激励他人。

严于律己要求自己做一个负责任的人，对工作负责、对生活负责、对社会负责，同时还要对他人负责。宽以待人是一种美德的体现，它不仅体现了博大的胸襟、宽广的胸怀，更体现了一种高贵的自信，同时它还是一种难得的团队合作精神。

我们女性只有以更高、更严格的标准来要求自己，才能够在工作和生活中取得进步和发展。有这样一个故事：

> 一位哲学家在海边目睹一条船遇难。船上的水手和乘客全部溺死了。他痛骂上苍的不公，只因为一个罪犯正好乘坐这条船，竟然让众多的无辜者受害。
>
> 当哲学家正陷入这种苦恼之际，他发觉自己被一大群蚂蚁围住，原来他站的位置距离蚂蚁窝不远。这时，有一只蚂蚁爬到他身上并咬了他一口，他立刻用脚踩死所有的蚂蚁。
>
> 天神在这个时候现身，并用他的拐杖敲着哲学家的脑袋说："你既然以类似上苍的方式对待那些可怜的蚂蚁，难道你还有资格去批判上苍的行为吗？"

人是感性的动物，对待事物、处理事情往往以看到的表象，依照自己的价值观和思维模式来判断，因此对待别人与要求自己就有了双重的标准。表现在日常生活中，一方面是用放大镜来观察他人的行为，说三道四，评头论足；另一方面却又放纵自己，对自己毫无标准可言。殊不知，我们在用放大镜对待别人的同时，别人也会用放大镜对待自己，由此产生的冲突可想而知。

在我们身边，有一些女人时常抱怨单位缺乏一种和睦的、融洽的人际关系，抱怨同事之间缺少相互关爱、相互帮助的氛围，但是自己从来没有尝试主动关心别人，帮助别人。事实上，当我们主动问候对方，对别人微笑时，我们的同事一定会回报自己同样真诚的问候和微笑。

俗话说得好："如果你想要别人怎样对待自己，你就要怎样对待别人。"改变我们身边的气氛很简单，从今天开始，只要我们在工作时主动地对他人点头致意，微笑着大声说出"早上好"这句话，下班时再真诚地说声"明天见"，那么，我们一定会得到同事回应，让我们的心情变得更好！

严于律己、宽以待人，是我们女性在成长的过程中必须要学会的交际法则和自我约束能力。"严于律己"是一种严谨求实的态度，是一种积极向上的精神；"宽以待人"是一种谦逊有礼的风貌，是一种胸怀宽广的品质。只有做到这两点，才能真正体现出一个人完美的精神风貌。

严于律己要求我们女性对待自身要严格认真、一丝不苟，不论做什么事情，都要力求做到最好。宽以待人要求我们女性做事问心无愧、坦坦荡荡，在先人后己的同时，还要学会换位思考，宽容地对待他人。只有把严于律己和宽以待人有效地结合起来，才能够成为受欢迎的人。

早起会改变你的生活

在日常生活中，我们很多女孩都有睡懒觉的习惯，她们晚上不睡，早上不起，白白浪费了许多宝贵的时间。

成功者很可贵的一点是，他们能从无关紧要但又不得不去做的事情中，截取时间，从而创造出精彩人生。

在与别人交谈时，会巧妙地谈及自己所遇到地一些问题，征求对方的意见，从中吸取些有益的建议；在完全属于自己的时间里，他们会去反思与勾画自己的事情；或者细致地观察周围，从中发现哪怕一点儿对自己有用的东西……时间在他们那里，永远都不会得到浪费。

要知道，失败者总是在消耗时间，成功者总是在创造时间。失败者之所以失败，很大程度上就是因为他们没有很好地把握好时间，工作地时候三心二意，空闲时间要么聊天，要么上网，大好时间就这样白白浪费了。

要知道，如果我们对时间不尊重，时间同样也是以不尊重的态度面对我们。

每天每个人都拥有 24 小时，谁也不会多，当然谁也不会少。但事实不然，很多的大政治家、画家或音乐巨匠、文豪、学者，像罗马的凯撒大帝、日本的空海和尚、意大利的达·芬奇、德国的莱布尼兹、德国的歌德，以及现代分秒必争的铁腕经营者，他们在一天 24 小时当中，经手完成的工作量，无论在质或量方面，都是超乎一般人想象的。

但同样拥有一天 24 小时的其他人，却不留下任何痕迹。可见，就是一天 24 小时，也并不是每个人都被平等地赋予。同样一天 24 小时当中，两个不同个体所做的事情完全不同的例子，在现实中不胜枚举。因此，在他们过好每天的 24 小时的过程中，还可以创造另一个 24 小时。这样的例子其实不胜枚举。

奥地利作曲家莫扎特，是欧洲维也纳古典乐派的代表人物之一，作为古典主义音乐的典范，他对欧洲音乐的发展起了巨大的作用。

他还是钢琴协奏曲的奠基人，作有 27 部钢琴协奏曲，63 首交响曲。他对于欧洲器乐协奏曲的发展同样做出了杰出的贡献。但是，很少有人知道，莫扎特只活了 35 岁。

但在他短短的一生中做了 600 首以上旷世之作遗留于世。而其他活了 70 年、80 年的凡庸音乐家却比比皆是。以实际使用的时间来看，莫扎特的一天 24 小时，他的每一分、每一秒比起其他凡庸的音乐家，可说是更长。莫扎特取得举世瞩目成就的秘诀与其能够将一天当成两天、三天甚至更多天来过是分不开的。

不知道大家有没有听说过"五点钟俱乐部"。首先，不要误解，"五点钟俱乐部"不是我们平常认为的那样，有一个场所，然后大家聚在一起，参加某种活动。

其实，世界上并不存在这样一个俱乐部。只要你能每天早晨五点钟起床，投入到学习、工作中去，那么，你就已经成为俱乐部的一员了。

一个名叫梅露的妇女就属于五点钟俱乐部的一员，她曾经说道："要赶在太阳升起前爬起来的确需要相当的毅力，但好处却很多。早晨空气清新，环境安静，也没有干扰、气氛安详、宁静，整个心情都是舒畅的。你会觉得为了完成任务你会全身心地投入。而且你还可以利用这段时间计划整天的工作。"

　　成功人士都是非常注意充分利用时间的。他们大多都属于"五点钟俱乐部"的成员，他们利用清晨时光运动、写作、沉思、计划，对他们来说，这是个宝贵的时刻。

　　　　美国赫赫有名的前参议员赫尔·塔尔梅奇，就是一位五点钟俱乐部的成员。他当时是美国最有权势、最有名的参议员。

　　　　有一天，他的秘书告诉一位记者5点以后就可以打电话给这位参议员。记者问道："是早晨五点还是下午五点？"

　　　　秘书说："早上，参议员很早就开始工作了。"

　　　　记者还是没有敢在清晨5点就打电话过去。在早上差不多7点钟打了电话，塔尔梅奇亲自接了电话，而且他显得神清气爽。

　　　　记者首先为这么早就打扰他致歉，而赫尔·塔尔梅奇却说，他已经起来好几个小时了。他还提到，他这个习惯开始于法学院念书的时候。因为他知道，如果他是第一个到图书馆的学生，一定可以借到限阅的书。

　　塔尔梅奇的例子用中国话说就是"早起的鸟有虫吃"。作为女性，想成功就要学会创造时间，知道"早起的鸟有虫吃"的道理，改变睡懒觉的习惯。

征服世界首先征服惰性

　　并不是无所事事才叫懒惰，懒惰无处不在。如果你甘愿重复一成不变的日子；或者被琐事夺去工作的乐趣，在工作中因小失大，总对决策举棋不定；或者明明有实力成功却放弃挑战，那么你就是如今社会中庞大的"懒人族"一员。

　　漂亮的女孩想要攒够未来逍遥的资本，就只能从现在就开始抛弃懒惰。现在努力一分，将来收获十成，人生的差距就来源于你现在的选择。

　　有一户人家，生了一个胖女孩，人见人爱。可是，不幸的是，女孩子渐渐长大了，特别地懒。每天如果不是母亲催她，她是会酣睡终日不起床的。别人问她，你怎么能老睡呢？她说，我在做梦呢，一个接一个好梦，真不忍心醒来。

　　每天上午，如果不是母亲规定她干一定的家务活，她就会在庭院的大树下，坐在小板凳上发呆，一动也不动。别人问她，你发什么呆呀？她说，我在听鸟叫，叫得这么好听，我不忍心不听啊。

　　到了下午，她手里拿了绣花针线活却并不忙碌，眼睛望着天空呆呆地出神。别人再问她，她就说，云起云涌，飘来荡去的，真美呀，我是不忍心不看。

　　在夜晚，她喜欢坐在门槛上数星星，总也数不清，她就一晚一晚地数下去。而且，她已经无师自通地认识了好多的星座，为每个星座都编织了一个美丽的童话故事。

但是，不幸的事情还是发生了。因为她懒，家里人都不喜欢她，只有母亲宠护着她。那一次，家里人要出远门了，没有办法带上她。母亲就烙了九只大饼，串在一起，挂在懒女孩的脖子上。母亲叮嘱她说，一天吃一个，到了第十天，母亲就会回家来的。

可是，等到母亲回到家里来的时候，发现懒女孩趴在鱼塘边饿死了，她脖子上的大饼却还剩下六只，大概因为她懒得把挂在后面的大饼移到前面来。

母亲很伤心，因为她知道女儿是在看鱼塘里红黑的鲤鱼一条一条地欢乐来去，很美，懒女孩是不忍心不看的。

这是个老故事了，很夸张，很荒谬，但是仔细想想，似乎每个女人身上都带着这样懒于改变的影子。克服了的，不断地走进新生活；没有克服的，就给自己找出各种借口，在自己的老圈子里不断地绕啊绕，直到绕出一个不幸的人生来。

有些女人总是向别人抱怨自己命不好，但是仔细观察她们，就会发现正是她们自己心理上的惰性让她们选择了不幸。

佳妮在大学里爱上了一个男生，这个男生喜欢玩摇滚，浪漫不羁。他们很快就在一起了，还发展到了同床共枕的地步。佳妮把自己的一切都献给了这个男生，对他的关心无微不至。

　　然而，这个男生却从来不带她去参加自己的聚会，甚至不会把佳妮介绍给自己的朋友们。不仅如此，他偶尔还和别的女生约会，后来被佳妮知道了，她想尽一切方法甚至不惜以死相逼让男生不要再这样，可是男生依旧我行我素。

　　周围的朋友都劝佳妮和他分手，但她却说"放不下""不忍心"。于是，佳妮在这种痛苦中坚持了两年，最终还是被这个男生抛弃了。

　　毕业后，佳妮来到一家私企做文秘，工作很辛苦，老板也很苛刻。虽然她对自己的工作不满意，但是却总是以"竞争激烈，工作不好找"为由，不去追求自己的未来，浑浑噩噩地生活着。

　　见到朋友，她总是忍不住叹息自己命运悲惨，直到她所有的朋友都被她的抱怨弄得远离了她。现在，她孑然一身，孤独生活，却仍然未想过改变。

　　这样悲惨的命运究竟是谁造成的呢？恋爱爱错了，工作找错了，这样的不幸谁都会遇到。但是，并非遇到了就一定会迎来一个悲惨的人生，如果佳妮能克服自己心理上的软弱和懒惰，无论是重新开始一段感情或者寻找更加喜欢的工作，都会让她走出人生的低潮。

　　然而，不幸的女人，总是把不幸的原因归咎于他人或命运，从而不去改变，就算承认自己的失误，也一定不忘加上一句"我也没有办法"，所以她们才无法清除导致不幸的种种因素，从而重复着不幸的生活模式。

　　因此说，很多女人选择不幸的最大理由就是"惰性"。她们害怕改变、害怕未知的生活，不敢做出与现在完全不同的选择。正是因为安于现状，所以她们无意识地踏上了不幸的人生旅途。

她们总是抱怨自己坎坷的命运，全然没有动动大脑，拿出勇气来改变生活的意愿。她们总是把自己愚蠢的选择尽可能地合理化，找出各种借口替自己辩解。借口多了，自己也就更加懒于改变了。

也许有的人并不知道自己是不是应该改变，那么来做做这个测试吧，看看符合其中的多少项。

（1）虽然对现状不满意，但我认为自己已经竭尽全力了，所以，只好这样得过且过。

（2）这个社会有问题，出生在这样的地方，我还能期待幸福吗？

（3）不论是多么细微的事情，我都不想有新的尝试。

（4）我一直认为自己运气不好。

（5）真正得到幸福的女人不是我，而是其他人。

（6）看到那些富足幸福的女人，我感到厌恶她们。

（7）还是和情况相同的朋友聚一聚说说心事比较好。

上述选项符合越多，说明你在懒惰的泥沼中陷得越深。人生的魅力正是在于它始终处在破坏、更新、生长的循环过程中，停滞不会给人带来幸福。

作为年轻的女人，我们还有时间、还有能力去改变，为什么不从长计议，重新规划对自己更为有利的人生呢？

做一份计划吧，也许你从来没有这样的习惯，觉得这样既难坚持又无太大作用，但是小心了，这是你的惰性又开始出来作祟了。有没有用，试过才知道，当你的眼前展开了一片崭新的天地时，你的生活也会跟着慢慢改变。相信自己，克服惰性，你的人生会从此焕发出新鲜而美好的色彩。

让阅读滋润你的心灵

十六世纪登上英格兰王位的简·格蕾女士酷爱读书，有一天，她坐在窗下专注地读柏拉图所写的一本关于苏格拉底之死的书。当时，她的家人都在屋后私人的树林中狩猎，猎狗的吠叫声、人们的喧闹声从不远处传来。

一位朋友到访，见到这样的情景非常惊讶，对她说："你瞧别人玩得多愉快啊，你为什么不加入他们呢？"简·格蕾微笑着回答："我认为，他们在树林中的快乐，不过是我从柏拉图那里所获得的快乐的影子罢了。"

英国十九世纪浪漫主义诗人雪莱也是一个爱书之人，他总是不停地看书，连吃饭的时候旁边也摊着一本书。他常会忘了喝茶或吃烤面包，却不会忘记读书；他可以让面前的烤羊腿、马铃薯冷掉，也不会让自己读书的热情冷却。

即使是在外出散步时，他也总是手不释卷，独自一人，他则低声吟咏，友人相伴，他更会朗读出声，读到动情处，他的脸上洋溢着幸福的光辉，周围的人无不被他的情绪所感染。

　　阅读本身就是一种幸福。一本好书，读到废寝忘食，读到潸然泪下是很正常的事情。一个人无论经历有多么丰富，所看所听所体验的，都是有限的。而书则集中了古今中外人们的人生和智慧，通过阅读，上下五千年，纵横千万里，任你翱翔、任你驰骋。

　　也有人在阅读的过程中，通过作品中的人物、情感来发现自己，找回自己，审视自己，在阅读中找到自己内在情感的印记，获得快感。阅读可以陶冶性情、怡情益智，阅读可以为我们打开另一个世界的大门，可以让我们的人生更加丰富。

　　有这样一句耐人寻味的话：你有一个苹果，我有一个苹果，两人交换之后，每个人手中仍然只有一个苹果；你有一种智慧，我有一种智慧，因为吸收了别人的智慧，每个人都会发现自己各有收获。

　　这句话其实就对阅读做了最直观最生动最完整的诠释。阅读的过程，是读者能动的过程，也是与作者对话的过程，读者一方面在倾听作者倾述思想和观点，另一方面也会做出自己的反应——或认同，或怀疑，或不敢恭维，从而在这种磨合、质疑的过程中，实现阅读者自我视野的拓宽、智慧的累积、思想的升华。

　　书籍是人类智慧的结晶，是人类进步的阶梯。在书里，那些大师级的作家不惜用笔做解剖刀，把自己的经历或理解的人生解剖得淋漓尽致，甚至把自己解剖得鲜血淋漓。

　　所以，阅读这样的书，就像是在捧读一个赤裸的毫无掩饰的赤诚灵魂。在生活中，很少有人会对你讲述他难以启齿的隐私和痛楚，很少有人这么解剖自己、否定自己，而在书中可以。

　　在那些痛苦灵魂的关照下，我们感觉自己好像是站在了巨人的肩膀上，获得完全依靠自己思考难以达到的高度。

可惜的是，现代生活的快节奏让我们已经慢慢淡忘这种阅读的幸福了。我们借口工作的忙，借口生活的琐屑，认为自己已经过了读书的年龄，没有了读书的环境，也没有了读书的心境。

我们常常把拿起一本书来读当成是一件很耗时耗力的事情，一看到密密麻麻的"小蚂蚁"头就大。我们宁肯去看电视，认为那样能够更轻松快捷地获取到自己想要的知识，我们热衷于网络，因为那是最快捷、最准确的获得信息的方式。

可是电视只是一种单项的交流，让人缺乏想象与思考。而网络的缺点是没有门槛和规则。如今，太多的文字垃圾和伪信息充斥在传播媒介，而我们的眼睛太多地接触了这样的肤浅的东西，就会丧失掉对文字的感觉，就像吃菜总是吃到变质的，让人倒胃口。等累得遇到真正的优质菜肴，只怕自己已经得了"厌食症"，没有胃口啦！

有的女人从不逛书店，只在街上买点杂志和报纸。杂志和报纸自然也是一种阅读，但由于各方面的条件限制，它们只是快餐，有点像如今的"肯德基"和"麦当劳"，偶尔用来果腹充饥还行，但要真想有营养有口味有氛围，还是得要一桌精心烹制的菜肴。

"肯德基"和"麦当劳"虽然口味独特、节约时间，可营养欠佳，单调乏味。

读书所得到的娱乐和其他娱乐不同，唱歌、泡吧、蹦迪、购物，这些可以让我们的神经瞬间高度兴奋起来，但热闹过后，我们总会有一种淡淡的寂寞和茫然情绪挥之不去。

我们需要偶尔用这些方式来发泄自己的情绪，但毕竟不能将之作为常态。更多的时候，我们需要的是那种平实的快乐，那种能够填充我们内心、触动我们灵魂的快乐。这样的快乐在我们的生活中，不是清茶，是老酒。

书是改变一个人内心最有效的力量之一。罗曼·罗兰说："多读些书吧，知识是唯一的美容佳品。书是女人气质的时装，书会让女人保持永恒的美丽。以书为华衣，女人的美丽就会永不变色。"

女人的气质、智慧和修养，都是和大量读书分不开的。读书让女人在平常的生活当中发现生存之乐与人生之美，思索生活之重。

读书让女人气若春兰，让女人在世间展示自己内在的美与善。书自然应该成为女人的最爱。

爱读书的女人，她不管走到哪里都是一道美丽动人的风景线。她可能貌不惊人，但她有一种内在的气质与神韵，幽雅的谈吐超凡脱俗，清丽的仪态自然天成。

那是静的凝重，动的优雅；那是坐的端庄，行的洒脱；那是天然的质朴与含蓄相结合相交融，像水一样的轻柔，像风一样的清爽，像花一样的迷人……

人的心灵成长是需要滋养的，这一生中最基本和最重要的。如果持续不断地滋养她，她的成长就会良好和健康，否则心灵也会像人的肌体一样萎缩和退化。

如果女人不注意滋润自己的心灵，拓展自己的思想，就会被抛弃在自己狭小的天地里。一些40岁左右的中年女性，整日生活在抱怨和恐惧中，整日被琐事与俗物纠缠着。

她们害怕失去功成名就的男人，抱怨自己情感的失落，痛恨生活中可能在她的男人身边出现的其他女人。她们总以为自己的衰老导致情感的失落，心灵变得越来越狭小，思想越来越庸俗。实际上，对于注重心灵滋养的女人来讲，生活是永无止境的精神之旅。

"腹有诗书气自华"，用知识装点自己的女人，拥有的美丽的力量是巨大的，无穷的，是不可轻视的，是不可战胜的，岁月不能，男人不能，逆境也不能。

女人们要想把自己打扮得漂亮，就去读书吧，这是世界上一流的美容术。托尔斯泰说："人并不是因为美丽才可爱，而是因为可爱才美丽。"心灵的美容，让使人风度优雅，气宇轩昂，胜过胭脂、口红的修饰和高贵豪华服饰的装点。

不断为自己"充电"

每个女人都是一本书，而一个优秀的女人更是一本永远也让人读不够的书。这是因为优秀的女人懂得不断地给自己"充电"，让自己更完美更充实。这种女人也许她没有艳丽的外表和炫目的青春，但是在人群里，总会散发出一种别样的光彩，这就是自信。

据统计，当今世界 90% 的知识是近三十年产生的，知识半衰期只有五至七年。而且，人的能力就像电池一样，会随着时间和使用逐渐流失。

因此，人们的知识需要不断"加油""充电"。白天谋生存，晚上图发展，这是 21 世纪生存的起码原则。比尔·盖茨就讲过一句话："在 21 世纪，人们比的不是学习，而是学习的速度。"

想必大家对徐静蕾都不陌生，她的成长经历并没有多少传奇色彩。十几年前长得黑黑瘦瘦的徐静蕾是个名副其实的灰姑娘，内心充满了自卑和忐忑。

最初她的目标很简单，就是想帮一些明星做造型。然而，她报考中央戏剧学院物美系化妆专业时，却几次被拒之门外。幸运的是，她从学校出来的时候遇到当时的一位名导演，徐静蕾这才误打误撞走进了娱乐圈。

在电影学院念书时，不少女同学都纷纷外出接戏。徐静蕾却沉得住气，待在校园里静静的念书，练习书法，她知道腹有诗书气自华的道理。

毕业后，凭着一股玉女的清纯气息，徐静蕾一出道就接拍到许多偶像剧，迅速位居"四小花旦"的行列。当演艺事业取得一些成就后，徐静蕾又将目光转向了导演。一部自编自导自演的处女作《我和爸爸》让她完成了一个惊人而漂亮的转变，而接下来的《一封陌生女人的来信》又让她在西班牙电影节上折桂。

她的个人博客"老徐的博客"，点击量目前已突破一亿而成为全球第一博客。出书、拍摄新电影、代言各类商品，徐静蕾从最初的拘谨走向了成熟，而当她依靠不懈的努力和自我提升，将自己坦然的笑容展示在世人面前时，徐静蕾已经完成了从灰姑娘到白雪公主的人生蜕变。

不要说自己没有天赋，也许十年二十年前徐静蕾，和现在的我们一样，不过是默默无闻的平凡人，不出名也不出色。她之所以能够脱颖而出是因为她懂得"充电"的重要性，在自己不长的人生旅程中，她能够不断地为自己充电。

其实稍加留意就不难发现，很多成功人士的成长之路都是这样，他们一边积极的创造机会，一边不断地实现自我提升。不要担心自己是丑小鸭，越是自卑的人越难变成白天鹅，同样都是人，明星们可以做到的，我们一样能够做到。

人们习惯用"秀外慧中"来形容优秀的女性。在这里，"秀外"是先天的条件，是父母赐予的，除了整形之外，一般人没有选择的余地；而"慧中"则不同，除了需要一点天赋外，绝大部分还是靠自己后天的主观努力来实现的。

在两者中间，"慧"比"秀"更能体现女人的魅力和涵养。因此，聪明的女人懂得怎样为自己充电，来实现自己的"慧中"。

优秀的女人，不会以家庭为自己生活的中心，她不会整天围着老公、孩子转而没有自我的空间，她们会抽出时间去郊外游览，在大自然中吸取灵气，她们还会给自己的心灵开辟一个独立的空间，来卸下生活的沉重和疲惫。

优秀的女人也不会把事业当成生命的全部，她们会把工作当成乐趣，会在闲暇之余，给自己充电，让自己永远保持着成熟和豁达。

女人的魅力和智慧是可以后天打造的。聪明的女人知道，只有不断给自己"充电"，不断补充能量，才能成为一个优秀的女人。那么女人应该如何给自己充电呢？

给自己明确的定位

这是最基本的条件，就像画家在落笔之前先要打腹稿一样，我们在规划人生路之前，也要先给自己找准一个位置。我是怎样的一个人？我要想做什么事情？我对什么养的工作感兴趣？我适合哪个方向的发展？等等，女人们之后对自己的情况有了一个全面的了解，才可能知道自己到底需要什么。

对自己的定位最忌讳自欺欺人，欺骗自己最终的受害者还是自己。因此，聪明的女人能够实事求是的掌握自己，对自己有一个恰如其分的认知，因而能找到属于自己的位置。

自信的女人在给自己"充电"之前，会首先为自己确定一个目标，做个详细的规划，可以是半年也可以是一年，给自己在这个时间段里安排具体的任务，然后付出坚持不懈的努力。那么，成功自然会如期而至。

进行合适的自我包装

"充电"不仅仅是指知识上的增加，还有外表上的改变。就像商品有美丽的包装才卖得更快一样，优秀的女人也需要对自己进行合适的包装。虽然容貌是由父母决定的，但是气质和谈吐却可以通过后天的努力塑造而成。因此，聪明的女人懂得在气质、举止、谈吐上对自己进行优雅的包装，在合适的程度之内展示自己，推销自己，让周围的人更好地了解自己。

及时地修正和调整自己

"人非圣贤，孰能无过"，有错误并不可怕，可怕的是犯了错以后不但不知悔改，反而让错误不断扩大。因此，一个优秀的女人懂得及时反省自己，能及时修正自己，让自己变得更加完美。

我们都拥有美好的理想，但并不代表我们可以不切实际的幻想。要知道，完美的人生和完美的人都是不存在的。

聪明的女人清楚现实的自己和理想中的自己还有多大的差距，该怎样去弥补才能让自己更接近完美。所有的一切都随着时间的流逝而改变，女人们也会随着年龄的增长和所环境的更改而不断变化，我们身处在社会瞬息，而我们所拥有的知识也需要不断充实，止步不前是女人最大的悲哀。因此，聪明的女人那懂得只有不断学习和勤于修正自己，才能够永葆女性魅力。

要循序渐进不断超越自我

任何事都不能一蹴而就，我们也不可能一口气吃成胖子。因此，女人们在为自己设立一个乐意去追求的短期目标之后，要努力去达到。这个过程中，女人们应该把所追求的理想目标订得尽可能短和容易实现。

如果只是一名普通职员，那么不妨要求自己把一份计划书做得尽量完美，赢得上司赞许；如果是销售员那就把这个月的业绩订得高于上个月。

这些很容易就能达成的目标能够给自己带来成就感，能够不断培养自己的自信心，就这样，用一步步小的成功作为实现最终理想的台阶。这样努力一段时间，你回首看看，自己已经在不知不觉间接前进了一大步。

重视小事，从小事做起

俗语说"一滴水，可以折射整个太阳"，许多"大事"都是由微不足道的"小事"组成的。日常工作中同样如此，看似烦琐、不足挂齿的事情比比皆是，如果你对工作中的这些小事轻视怠慢，敷衍了事，到最后就会因"一着不慎"而失掉整个胜局。所以，每位女性在处理小事时，也应当给予重视。

工作中无小事，要想把每一件事情做到无懈可击，就必须从小事做起，付出你的热情和努力。饭店服务员每天的工作就是对顾客微笑、回答顾客的提问、整理清扫房间、细心服务等小事；公司中你每天所做的事可能就是接听电话、整理文件、绘制图表之类的小事。

但是，我们如果能很好地完成这些小事，没准儿将来你就可能是饭店的总经理、公司的老总。

反之，你如果对此感到乏味、厌倦不已，始终提不起精神，或者因此敷衍应付差事，勉强应对工作，将一切都推到"英雄无用武之地"的借口上，那么你现在的位置也会岌岌可危，在小事上都不能胜任，别人怎么能信任你，你又何谈在大事上"大显身手"呢？

没有做好"小事"的态度和能力，做好"大事"只会成为"无本之木，无源之水"，根本成不了气候。可以这样说，平时的每一件"小事"其实就是一个房子的地基，如果没有这些材料，想象中美丽的房子，只会是"空中楼阁"，根本无法变为"实物"。生活中每一件小事的积累，就是今后事业稳步上升的基础。

开学第一天，苏格拉底站在讲台上，对他的学生们说："今天大家只要做一件事就行，你们每个人尽量把胳膊往前甩，然后再往后甩。"说着，他先给大家做了一次示范。

接着，他又说道："从今天开始算起，大家每天做300下，能做到吗？"学生们都自得地笑了，心想：这么简单的事，谁会做不到？

可是一年过去了，等到苏格拉底再次走上讲台，询问大家的完成情况时，全班大多数人都放弃了，而只有一个学生一直坚持着做了下来。这个人就是后来与其师齐名的古希腊大哲学家——柏拉图。

这也许正说明了柏拉图认真做“小事”的态度，为他以后闻名世界、在哲学领域有所建树奠定了最起码的“精神基础”。虽没有直接联系，但可以说，二者之间也不无关系吧！

生活中常见许多年轻女性在面对琐事时，噘着小嘴，不屑一顾，嘴里还念念有词：“这么简单的事，也让我做？本小姐是做大事的人！”

然而，这样可取吗？世界上所有人与事，最怕“认真”二字。所有学有所长的成功者，虽然一开始，他们与我们都做着同样简单的微不足道的琐事，但是结果却大相径庭。

细细分析，唯一的区别是，能成功者，他们从不认为他们所做的事是简单的小事，他们始终认为，现在所做的“小事”是为今后的“大事”做准备。他们目光所及之处，是十分辽阔的沃野，是浩瀚无边的大海。而常人眼中，现在所从事的工作，却是毫无生机的衰草和茫茫无目标的沙漠。

成功并非偶然，没有什么“随随便便的成功”，也没有什么结果是没有原因的。一些看似偶然的成功，其实我们只是看到了事物的表象，而其本质却被巧妙地隐藏起来了。

聪明的女人会透过现象，直抵事物的本质，所以她们能准确把握自己，取得最终的胜利。无论做什么，我们女人都必须具备锲而不舍的精神，坚持到底的信念，脚踏实地的务实态度和自动自发、精益求精的责任心。大事如此，小事当然概莫能外，古语“一屋不扫，何以扫天下”也是一个绝佳的佐证。女性如果你想飞得更快更高，那么就从眼前的“小事”做起吧！

女人若缺乏勤奋、节俭两大习惯，必定会浪费自己的生命和钱财，就会导致人生的破败。凡欲成大事之人必须知道：勤为成功唯一的捷径；俭为生活良好品性。无论哪个女人离开这两点，最终都会成为平庸者。

刷单时想想你的工资卡

一些女孩每月工资一到账，立即开始在"淘宝""京东""拼多多"等网站浏览，见到喜欢的东西就拼命刷单，不管有用没用，买了再说。这些女孩没等到月底，账上的工资就消费殆尽，真正成了"月光族"。

"月光族"月初风光，月底饥荒，最后几天还要靠信用卡和泡面度日，这种消费习惯是不可取的，也不健康。明智的女孩应该改变这种不理智的消费习惯，刷单时想想你的工资卡上的钱够不够用，合理安排自己的资金和日常用度。女人们，要改变你的消费习惯，可以从以下四个聪明消费的理财观念开始着手：

要有预算的观念

趁商场做活动的时候购物，原本是很明智的选择。可是女人们要注意：打折期间买东西是要用较少的金钱买到想要的东西，不要因为打折期的闲逛让自己的购物欲望膨胀，支出超出了预算很多。没有预算的观念，每天都可能买到很多意外的战利品，而在支出上，会产生令你意想不到的天文数字！

购物确实是件让人心旷神怡的事情，聪明女人可以利用省钱购物的绝招，让自己在买东西时省"小钱"，然后"小钱"去滚"大钱"，才不至于到最后望着屋子里一大堆的战利品及账单，摇头感叹自己是个"败家子"！

追查你每一分钱的来龙去脉

追查每一分钱的来龙去脉，最好的方法就是用存折做好管理，因为大部分人都把钱存在银行，而存折上会记载在银行所有资金进出的记录。女人每个星期应该至少刷一次存折，或在网上银行查看金钱进出的往来状况，只要5分钟就能了解每一分钱的来往状况，进而提醒自己要开源节流。

养成记账的习惯，拒做"Buy"金女

聪明的女人会时刻盯紧自己的收支状况，通常身边有一个小账本，把每天的消费支出都记下来，然后每个月进行比较总结，看看哪些钱该花，哪些钱不该花。然后在下个月消费时就会稍加注意，从而节省开支。收集发票也是一种简单的记账方法，将发票按日期收好，可以从中分析出自己在衣食住行上的花费，拒做"Buy"金女，更可以让自己成为小富婆！

前年大学毕业的刘然算是典型的"月光族"。她每月工资近3000元。但两年下来，存折里的还不到1000元。她说，原本以为能存一些钱，可是每次逛街，看到好看的衣服，流连忘返犹豫不决之后总会买下。如今柜子里已经塞满了衣服，可很多衣服买回来发现不适合自己。另外，听别人一说某种化妆品和美容产品好，便会忍不住去买，每个月就花这两项消费就能花掉她一半以上的工资。

可见，刚进入职场的女孩子，一定要学会记账，养成良好的消费习惯。不是告诉女孩子要节约苛刻自己，而是要说：钱是攒出来的，不是省出来的。

千万不要做"卡奴"

许多人往往无法控制住当下购物的欲望，结果一发不可收拾。更何况刷卡并非给钞票，并没有付钱的感觉，很多女性朋友很容易就刷刷刷地过度消费或超额使用，从先享受后付款变成先享受后痛苦。账单来时无法全数付清，就得动用循环信用，支付未付清的账款产生的利息，利息再滚进账款，也影响了个人信用。做好信用卡管理，消费才不至于吃亏。

信用卡虽然让你我消费更方便，但是，女人们应该理性思考："自己真的适合使用这种塑料货币吗？"除非自己能做好信用卡管理，消费才会不吃亏。

首先，保存刷卡的收据，要随时对账。

女人们常常会有这样的感受：拿到信用卡账单的时候，常常想不起自己何时消费了那么多的金额。谁让自己在刷完信用卡之后，随手就把签过名的收据丢弃呢？

使用信用卡最好的办法是，做好支出管理，刷完信用卡后，要将当月的收据整理好，这样不但可以随时对账，还可以时时提醒自己刷了多少钱的债务。

若是你刷了信用卡，然后在下一次缴款期限前缴清支出，信用卡确实是一种方便的理财工具。如果是因为钱不够用，而把信用卡当成是提款卡，那么就会一脚踏入负债的旋涡当中。

其次，减少持卡的张数。每减少一次刷卡，就可以增加一次投资的机会，可投资的金额当然就会不断提高。减少没有必要的持卡数，既减少了自己胡乱消费的概率，又可以增加自己理财记账的效率。同时，将自己的花费集中在几张信用卡上，就可以集中管理自己的支出，了解自己的收入及支出形态，这是有效理财的第一步。

最后，养成每月整理对账单的习惯。每个月收到账单的时候，要及时来做整理分析，因为账单会列出消费明细，你可凭此分析自己的消费形态，审视自己是否有多余的浪费。如果你已经无法全额付清你的信用卡债务，就表示你的花费需要节制。

不要小看清洁桌面这个活

如果你开始莫名其妙地感觉烦躁、耳鸣、眼睛、皮肤又干又痒，做事也打不起精神来……这肯定是工作环境惹的祸，你该好好调整一下自己了。美国亚利桑那大学教授查尔斯·哥巴称，最新调查显示：办公室内细菌最活跃的地方是办公桌。令哥巴教授吃惊的是，女性办公桌上的细菌是男性桌上的 3 到 4 倍。

桌上的电话、电脑、键盘、抽屉和个人物品最易滋生细菌。女性办公桌看上去很干净，玩意儿可不少。女性更喜欢跟小孩在一起，桌上又爱放些吃的，还有一点就是化妆品。化妆盒与电话、钱包和抽屉一起成为细菌的温床。

另外，很多女性办公桌里有零食，这里"养育"着很多微生物。哥巴教授提醒，为办公桌表面定期消毒和使用洗手液会有助清除细菌。

因此，职业女性在工作的同时，应注意打造健康的办公桌，为自己的健康做好每一个细节。可以采取：

在办公桌上摆放绿色植物。绿色植物能释放负离子，调节电脑附近失衡的负离子群，防止长期使用电脑者因植物神经失调而出现忧郁等不良情绪。此外，绿色植物还能增加空气中的氧含量和水分含量，同时吸收空气中的废气。老鹳草、石竹都是适合的植物，其香味有增强记忆、调节情绪的功效。

随身携带梳子。工作时注意力高度集中，大脑容易疲劳。不时用木质梳子梳头，能达到头部按摩的效果，有助于缓解大脑疲劳，振奋精神。

给自己准备一个靠垫。借助靠垫的支撑，能使腰部肌肉得到放松，可以有效预防和治疗腰部酸痛。研究发现，使用靠垫还能放松颈部肌肉，有助于预防和治疗颈椎病。

运用保湿喷雾。电脑显示屏表面存在静电，吸附了大量灰尘，并且很容易转移到人们干燥的皮肤上，适当运用保湿喷雾既可改善干燥的皮肤，还能清醒头脑、缓解疲劳。

每天上班时要记得清洁桌面。上班族每天需长时间待在办公室里，许多人携带细菌进入办公室，然后再传给其他人，使得办公室成了疾病的温床！不要因为办公空间是个人空间，就不清理办公桌。

爱惜身体，它是你工作的本钱

健康是生命之源。失去了健康，生命就会变得黑暗与悲惨，会使你对一切都失去兴趣与热诚。年轻的女人，能够有一个健康的身体，一种健全的精神，并且能在两者之间保持美满的平衡，这就是人生最大的幸福！

许多女性似乎以为"自然"是很好说话，是可以行贿的。我们可以破坏健康法则，可以无止息地疯狂熬夜，为了减肥连续几天吃饼干；我们可以用各种方式糟蹋我们的身心健康，然后请教医师，光顾药房，以作为补救。

多数人的生活都循环往返于糟蹋身体、医治身体上了。其结果是：胃口不良、精力衰微、神经衰弱、失眠、精神抑郁。不良的身体，衰弱的精神，真不知造成了天下多少悲剧，破坏了天下多少家庭！

身体和精神是息息相关的。一个有一分天才的身强体壮者所取得的成就，可以超过一个有十分天才的体弱者所取得的成就。

我们需要有一个健康而强壮的身心。这是可以做到的，只要我们能够过一种有节制、有秩序的生活。

拥有健康并不能拥有一切，但失去健康却会失去一切。健康不是别人的施舍，健康是对生命的执着追求。

体力与事业的关系非常重要。人们的每一种能力、每一种精神机能的充分发挥，与人们的整个生命效率的增加，都有赖于体力的旺盛。

体力的强健与否，可以决定一个人的勇气与自信的有无；而勇气与自信，是成就大事业的必备条件。体力衰弱的人，多是胆小、寡断、无勇气的人。

一个美丽的女人，要想在你的一生中取得成功，最重要的一点是每天都要以一副身强力壮、精神饱满的身体去对付一切。那种以有气无力、弱不禁风的躯体去对付一切的女性，永远不可能取得胜利。

对于那种整个生命所系的大事业，你必须付出你的全部力量才能成功。只发挥出你的一小部分能力从事工作，工作一定是干不好的。你应该以一个精强、壮健、完全的"人"去从事工作，工作对于你，是趣味而非痛苦；你对于工作，是主动而非被动。

假如你因生活不知谨慎而以一个精疲力竭的身体去从事工作，你的工作效率自然要大减。在这种情形之下，你所做的一切，都将带着"弱"的记号，而这样的话，成功是难以得到的。

这好比一个优秀的将军，绝不可能在军士疲乏、士气不振时，统率他们去进攻大敌。他一定要秣马厉兵，充足给养，然后才肯去参加战斗。在人生的战斗中，能否得到胜利，就在于你能否保重身体，能否使你的身体一直处于"良好"的状态。一匹有"千里之能"的骏马，假如食不饱、力不足，在竞赛时，恐怕也不会取胜。假如在你的血液中没有火焰的燃烧，在你的身体中没有精力的储存，则你在人生的战斗中一经打击，就会失败的。

一个胸怀大志和自信的人，同时也是一个具有足以应付任何境遇、抵挡任何事变的人。

凡是有志成功、有志上进的女性，都应该爱惜、保护体力与精力，而不使其有稍许浪费，因为任何体力、精力的浪费，都将可能减少我们成功的可能性。

调节压力，别让它把你压垮

近年随着经济的迅速发展，"职场压力"成为热门的主题。职场压力普遍地存在于工作中的方方面面，可以说，没有无压力的职场。

职场压力同时又是把"双刃剑"，一方面能够产生动力，使我们对职场更有热情；另一方面又会使我们产生负面情绪，影响职场效率。因此，面对职场压力，美丽的女性应该拿出热情，认真对待，把压力尽量转化为职场的动力。

压力源之一：工作量太大

手头的工作做都做不完，老板又交给你一份职场报告。眼看着堆积如山的公务，不得不加班加点，甚至连周末的聚会也得退掉，实在苦不堪言。

解决办法：自我轻装。你自己应对职场职责了如指掌。仔细安排一下，与你的上司好好谈谈，提出你的方案，有些工作不一定都要你亲自去做。总之，工作量大的情况应该以更饱满的热情投入其中，这样才能有利于尽快解决问题。

压力源之二：被动的职场状况

老板突然将你的工作量增加了两倍而没有奖金。在你毫无所知的情况下，把你换到另一个办公室，令你"乖乖地"奉献着自己的满腔心血。

解决办法：变被动为主动。专家们的建议是主动了解老板这么做的原因，不要单纯地发牢骚，主动和老板谈谈。一旦了解到了真正原因，你就可以针对这一新政策而发表看法，向老板解释你当前的工作完成情况。如果情况对你很不利，你就要检查一下自己了。为自己制定一个年终目标，达到目标后不妨自我奖励。不要把自己看成是这份工作的牺牲品。

压力源之三：我不喜欢我的同事，他也讨厌我

两个人原来是朋友，由于几句信口开河之词使彼此互相翻了脸。

结果，到现在还经常互相指责，为一点小事搞得双方都不愉快。

　　解决办法：小心为妙。收起你的尊严，彼此谈谈，千万不要埋怨对方或互相辱骂。如果矛盾严重到影响工作，应找老板、人事部门或工会出面调解。专家们还说，不要忽略小矛盾，有了矛盾后应立即解决。同时，在公司讲话一定要多加小心，话出口之前要考虑后果。总之，如果你不背后嘀咕，经常发牢骚，或批评别人，你就能够在公司维系良好的人际关系。

压力源之四：家务缠身

　　生活中柴米油盐的种种琐事，看似细碎却实在劳心劳神，各位亲爱的女性朋友们纵使有三头六臂，也难以"公事，国事，家务事"面面俱到。

　　解决办法：寻找平衡点。将要完成的任务根据重要性逐一列出。如果发现自己在某项任务上花的时间与工作重要程度不相称，那么，就要做适当调整，做好合理的规划，并且可以适当找人帮忙，千万别千头万绪，一团乱麻。

压力源之五：我不喜欢我的工作

　　你对现任工作没有一点兴趣，还得忍受频繁的加班，以及老板苛刻的态度。

　　解决办法：改变状况。你可以与上司商量换到另一个工作部门，或者和同组的同事交换一下工作职责，都能够改善现况，产生意外之喜。当然，如果仍无法解决问题，就应浏览找工作广告了。

压力源之六：我害怕被裁员

　　看到昔日的同事逐个离去，你的心里也七上八下，也许下一个就是我了吧？解决方法：更新自己。开始联系，询问有关招工消息。上夜校或更新你的计算机技术。你需要不断学习，提高自己，才是解决目前处境的有效方法。总之，年轻的女性面对压力不可消极忍耐，更不能逃之夭夭。要以饱满的精神、主动的态度去面对，尽量把压力转化为动力，要更富热情地去完成工作。

午休半小时，美好一整天

调查显示：中国有近四分之三的城市职业女性一周内不能保证每天八小时的睡眠时间，女性失眠已成为城市流行病。有家庭负担的年轻职业妇女，由于必须兼顾工作、家庭，睡眠不足几乎成为常态。

随着生活节奏加快，学习或工作压力加大，精神负荷增大，夜生活时间延长，生物钟常常被打乱，加上疾病、重大生活变化等均可造成失眠。常欠"睡眠债"，会降低免疫力，身体上出现的衰老症状明显早于正常人。越紧张，越休息。这二者看起来是矛盾的，其实并不矛盾。疲劳会降低身体对一般疾病和感冒的抵抗力，也会降低你对忧虑和恐惧的抵抗力。所以，防止疲劳也可防止忧虑。

要防止疲劳和忧虑，第一条规则就是：经常休息，有时不妨见缝插针地睡上一觉，要在你感到疲倦之前就休息。

这一点非常重要，短短的一点休息时间就能有很强的恢复能力：即使只打五分钟的瞌睡，也有助于防止疲劳。

打盹儿的最好时间是在午饭后一到两小时之间。这时由于生物钟的作用，我们身体的机能都处于调整和低谷状态。午休30分钟就足够了，超过半小时，你就会感到难以很快清醒过来。

如果你晚上很晚才睡，午间打个盹儿就显得更重要了，它能让你精神饱满精力充沛。吃完午饭后，关上办公室的门，利用沙发休憩片刻，会令你一下午都感觉良好。如果你没有办法在中午睡个觉，能在下午五六点钟，或者七点钟左右，睡上一个小时，那么，你就可以在你的生活中每天增加一个小时的清醒时间。

理想的午睡是平卧，平卧能保证更多血液流到消化器官，尤其是肝脏和大脑，供给充足的氧气和养料，有利于大脑功能恢复。

专家们认为，最易入睡的时间是在中午。此时人体警觉自然下降期，即清晨觉醒后8小时，或晚上入睡前8小时，在这期间睡半个小时，可使人恢复精神。而较长时间的午睡并没有好处，睡久了醒来反而更困倦。这是因为午睡延长，就容易进入更深的睡眠阶段。从这种状态醒来就像半夜被叫醒一样令人不适。

还有人认为，午睡具有预防脑溢血的功效。国内统计，在中午12时至下午3时这段时间内，脑溢血发病率较低，认为这与中国人睡午觉的习惯有关，并建议高血压患者宜午后小睡（不超过半小时），以减少脑溢血发生的机会。

午睡时间一般不要太长，以半小时为宜，否则会影响晚上睡觉。

要保证午睡效果好，必须要注意细节，如午饭不要吃得太饱，饭后稍事活动后再躺下，不要睡在风口处，腹部要加盖毛巾被，以免着凉感冒。经过一上午的紧张工作，中午有不少女性喜欢趴在办公室的桌子上小睡一会儿来缓解工作的紧张。这样虽然能使自己精神抖擞，却在无形中对你的健康造成了很大伤害。

伏案睡觉有可能压到眼球，眼睛容易充血，造成眼压升高，尤其是高度近视的女性更要注意。伏案睡觉时，头部枕在手臂上，手臂的血液循环受阻，神经传导也受影响，极易出现手臂麻木、酸疼等症状。同时，影响呼吸，使体内氧气供应不足，女性压迫胸部的姿势还会诱发各种心脏或乳房疾病。

伏在桌上睡觉还会殃及大脑。这是因为此时头部的位置过高，入睡时流经脑部的血液减少，容易引起脑缺血。经常采用这种方式睡眠，势必会因大脑的氧和其他营养物质缺少而对大脑功能造成影响。

午睡应该尽量躺在椅子上，而不是趴在桌上，才能减轻用手枕着头部睡觉的不舒服。每次午睡时间不要超过 30 分钟。

有一副对联："数钱数到手抽筋，睡觉睡到自然醒"，横批："都市人的梦"。这不禁让人想起一个笑话，关于熊猫平生的两个愿望：照一张彩色相片，好好睡一觉。呵呵，美丽的你还在对着镜子为黑眼圈发愁吗？就算自由散漫如 SOHO，也不一定能有睡到自然醒的美梦，他们也有为了生计失眠的时候，更何况每天被打卡机公正无私地监测着的美眉们呢。

最最恼人的是，即使周六早上闹钟善解人意地保持沉默，你的生物钟也会按时拉响，使你紧张兮兮大惊失色地从温暖的床上蹦起来。对着安静的闹表你刚想发作，突然看到日历上赫然写着"礼拜六"！于是你心满意足地像蜗牛一样回到被窝里。

可惜，睡不着了，可是你不想起床，你太需要再睡一会儿了。于是你半睡半醒，辗转反侧，又过了两个小时，当你起床的时候发现了更郁闷的一件事，你头痛。

一般来讲，年轻人最佳的睡眠时间是晚上 10 点到清晨 6 点，如果希望周六能顺利地睡个懒觉，周五晚上最好不要狂欢。

如果周六醒来的时候感觉精神不错，那就不要赖床，反正一天的时间，困倦了随时可以再睡的。好的休息方法不是时间而是形式。

职业女性像男性一样承受着很大的工作压力，并且大多数承担着较多的家务劳动，就像上了弦的发条，难得停下来看看自己。加上女性生理结构的原因，导致女性较男性更容易有身心疲惫的感觉。不妨放松身心，自我按摩一下。方法是：

（1）将双手掌相对搓热，然后由前额处经鼻两侧向下至脸颊部，再向上至前额处，做上下方向的搓脸动作36次。

（2）用双手揉搓耳部36次。

（3）用双手指自前向后做梳理头发的动作36次。

（4）双手五指自然分开，从前向后，先以各指端快速轻击头皮，逐渐加重。最后改用手指拍击头皮36次。

（5）用双掌捂住双耳，中指放在枕骨上，食指压在中指上，食指快速下滑，弹击耳后枕骨处36次。此为"鸣天鼓"。

（6）用双手指交叉抱住后脑，做颈部后伸动作36次。

（7）用双手掌轻轻抚摸头部，将头发从前向后理顺，呼吸稍稍加深并减慢，数次后恢复平静呼吸。类似练功者收功的情形，故叫抚头收功。

上述手法不仅能吸引注意力，而且可改善头面部的血液循环，使面色红润、头脑清醒、记忆力加强。

按摩可使皮肤和肌肉的血液、淋巴循环加强，穴位刺激还能对神经起作用。每次按摩时间应限制在30分钟左右，手法不能过重。受按摩时，要尽量放松，暗示自己正在享受，以获得更多的快乐及更好地消除疲劳。

第三章
舍弃掉负面的人际关系

　　人际关系是人们在工作或生活过程中所建立的一种社会关系。人际关系越广，路子越宽，事情就越好办。拥有良好的关系网是成大事者最重要的因素，也是必备的条件。

　　反之，拥有负面的人际关系，则有可能阻碍自己的人生发展。因此，高颜值的女人应该用你睿智的眼光，剔除一切影响自己发展的负面关系，轻装跑向人生的巅峰。

不要因一点小事耿耿于怀

当一个女人身处逆境时，各方面对你都是一种考验。如果怨天尤人，抱怨声声，结果只能是自我孤立。相反，大度待人，高风亮节，自然能够赢得别人的尊重。

逆境的光顾，有自己的责任，也有别人的原因，就自己而言，一时失误大意会造成逆境降临。就别人而言在无意间造成了你生活的逆转，也不能否认有意的暗算，故意压制，蓄意陷害的事实。对前者我们女人较容易付诸包容之心，对于后者你也应以德报怨，显示出君子风范。

当美国第一任总统华盛顿还是一位上校的时候，他率领着他的部下驻守在亚历山大里亚。当时，那里正在选举弗吉尼亚议会的议员。有一名叫威廉·佩恩的人反对华盛顿所支持的候选人。

在关于选举的某一问题上，华盛顿与佩恩展开了激烈的争论。华盛顿出言不逊，触犯了佩恩，佩恩一怒之下，将华盛顿一拳打倒在地。

当华盛顿的部下听到这个消息，群情激愤，部队马上开了过来，准备替他们的司令官报仇。华盛顿当场加以阻止，并劝说他们返回营地。一场一触即发的不愉快事件在华盛顿的劝说下被化解了。

第二天一早，华盛顿派人送给佩恩一张便条，要求他尽快赶到当地的一家小酒店来。

佩恩怀着凶多吉少的心情如约到来，他猜想华盛顿一定是怀恨在心，要和他进行一场决斗。然而，出乎他意料的是，他所看到的不是手枪而是华盛顿端过来的酒杯。

华盛顿看到佩恩到来，立即起身相迎，并笑着伸过手来，说道："佩恩先生，犯错误是人之常情，纠正错误是件光荣事。我相信昨天所发生的事情是我的不对，你已经在某种程度上得到了满足。如果你认为到此可以解决的话。那么请握我的手，让我们交个朋友吧。"

佩恩激动地伸过手来。从此以后，佩恩成为一个热烈拥护华盛顿的人。

做大事业的人，不能因为一点小事而耿耿于怀，要努力团结一切可以团结的力量。美国成人教育专家戴尔·卡耐基在处理人际关系上可说是驾轻就熟。然而早年时，他也曾犯过小错误。

有一天晚上，卡耐基参加一个宴会。宴席中，坐在他右边的一位先生讲了一段幽默故事，并引用了一句话，意思是"谋事在人，成事在天"。那位健谈的先生还指出他所引用的那句话出自圣经。当时，卡耐基发现他说错了，且很肯定地知道这句话出自莎士比亚之口，一点疑问也没有。

为了表现优越感，卡耐基很认真地纠正那位先生的错误。那位先生立刻反唇相讥："什么？出自莎士比亚？不可能！绝对不可能！"那位先生一时下不来台，不禁有些恼怒。

当时卡耐基的老朋友法兰克·葛孟坐在他左边。葛孟研究莎士比亚的著作已有多年，于是卡耐基就向他求证。葛孟在桌下踢了卡耐基一脚，然后说："戴尔，你错了，这位先生是对的。那句话是出自圣经。"

那晚回家的路上，卡耐基对葛孟说："法兰克，你明明知道那句话出自莎士比亚。"葛孟回答道："是的，当然。那句话出自哈姆雷特第五幕第二场。可是亲爱的戴尔，我们是宴会上的客人，为什么要证明他错了，那样会使他喜欢你吗？他并没有征求你的意见。为什么不给他留些面子呢？"

是啊！一些无关紧要的小错误，放过去，无伤大局，那就没有必要去纠正它。这，不仅是为自己避免不必要的烦恼和人事纠纷，而且也顾及到了别人的名誉，不致给别人带来无谓的烦恼。这样做，并非只是明哲保身，更体现了你做人的度量。

一个炎热的下午，一位顾客不小心在海滨的一家私营饭店门前摔了一跤。酷暑盛夏，本来就热得心烦意乱，加上跌倒在地，丢人现眼，这位顾客便怒气冲冲地闯进饭店老板办公室，指着老板的鼻子，出言不逊地说："你的地板太滑太危险，刚才我出去买香烟，在门口滑倒，摔伤了腰，你必须马上送我到医院进行检查治疗！"边说边用手扶着腰部：

"哎哟！痛死我了……"

老板笑脸相迎。"哎呀，实在抱歉，腰伤得厉害吗？请您先稍坐一下，我马上就和医院联系，叫辆的士把你送去。"正好一辆的士送客来住宿，老板叫司机稍候，说有人要到医院里去。老板拿着一双拖鞋，对顾客说："我已经和医院联系好了，现在就送您去，外面有辆出租车。"

当那位顾客离开办公室时，老板把他换下来的鞋交给伙计并说："顾客穿的鞋，鞋底都磨光了，你马上把它送到外面的修鞋处订上橡胶后快点取回。"

在医院就诊检查后，顾客回来了。结果是，腰部没有任何异常情况。老板拿着医院检查报告单对那位顾客说："没有发现什么异常情况，真是万幸。请回饭店休息休息，喝杯冷饮解解暑吧。"

那位顾客见老板如此宽宏大度，对自己的做法感到有点内疚，并解释说："地板刚冲过水、很滑，实在危险，我只是想提醒你注意一下，别无他意。这次摔倒的是我，要是摔倒了上年纪的人恐怕麻烦就大了。"

这时，老板拿来已修好的鞋子说："请不要见怪，我们冒昧地请人修了你的鞋子。据鞋匠说，鞋底都磨平了，若是穿着它在楼梯上滑倒，那可就太危险了！"

那位顾客面带愧色地接过修好的鞋子，不好意思地说："给你们添麻烦了，实在感谢，多少修理费？我按数付钱，不能让你掏腰包。"

"哪里的话，这是对您表示歉意，你若要付钱，那就太见外了。"那位顾客被老板的宽容所感动。他紧紧握住老板的手说："请原谅我的粗鲁和无礼，真是对不起！"

老板的大度赢得了顾客的信赖，从此以后，那位顾客经常与人谈起这件事，他和他所影响的一批人成了这家饭店的常客，老板也与他结为莫逆之交。

一个推销员来到一家超市推销他们公司的香皂。超市老板正忙着指挥职员们上货，于是便不耐烦地挥挥手说道："没看见我忙着吗？再说我这里货很多，以后再说吧！"

推销员仍然不死心，继续鼓动着如簧之舌，打算说服那个老板。那老板显然是被惹火了，破口大骂道："还有完吗你？刚才是给你面子，不想让你难堪，可你这个家伙却不知好歹！赶紧带着你的东西滚蛋！"

这个推销员一边收拾自己的箱子，一边心平气和地对老板说："十分抱歉，我刚做业务不久，不懂的地方很多，希望您不吝赐教……对啦！要是我想把这香皂向其他地方推销的话，我该怎么说呢？"

老板的态度有所好转，见其诚恳，便对他演示了一番。只见老板把这香皂的好处说了一大串，推销员由衷地赞道："没想到您对我们公司的产品这么了解，所说的话也这么有说服力……"推销员的话让老板很满足，最后，竟定下了大批香皂。后来，这个推销员成为一个企业家。

　　一句好话暖人心。这个推销员如果在老板发火，也恶语相向，最后的结果肯定是两败俱伤。好在这个推销员有容人之量，几句好话打消了老板的怒气，还得到了老板的帮助，可谓皆大欢喜。我们女性也应该学习这个推销员的大度，遇事不要耿耿于怀，这样不论干任何事，都会取得好的成果。

你的热情，要像一把火

　　1946年，美国心理学家所罗门·阿希做了一个心理学史上著名的实验，被称为"热情的中心性品质"实验。

　　他列出有关人格的七项品质，包括：聪明、熟练、勤奋、热情、实干和谨慎，给一组被试者。同时，他给另一组被试者几乎同样的七项品质，不同的仅仅是把"热情"换成了"冷漠"。要求两组被试者对表中的人做一次详细的人格评定，阿希教授让被试者说明，表中的人可能或他们希望这两组具有几乎相同品性的人具有什么样的其他品质。

　　答案出来了，仅仅一个"热情"与"冷漠"的区别，具有"热情"品质的人，受到了被试者的衷心喜爱，人们慷慨地用各种优秀的品质描述他。而那个"冷漠"代替了"热情"品质的人，遭到了人们的敌意和仇恨，被试者把各种恶劣的品质统统都罗列在他的"冷漠"品质之下。

　　这项实验证明，在人类的品质描述中，热情和冷漠成为人类品质的中心，它决定了一些其他相关联的品质的有与无，包含了更多有关个人的内容。因而，"热情——冷漠"被称为是中心性品质。

人人都爱你的热情，尤其是在职场中，热情的人常常能收获更多。热情能够融化人与人之间无形的障碍，缩短心理的距离，消除不同生活经历带来的界线。一旦我们被热情所吸引，我们就会认为热情的人真诚、积极、乐观。

热情感染着我们的情绪，带给我们美妙的心境，让我们感到愉快和兴奋。热情能带来幸运，因为人们都喜爱热情的人，对他们更宽容，容易满足他们的要求。

莎拉和安吉拉是加拿大某电讯公司的女工程师。她们同一年进入公司，都有着硕士文凭，像大多数海外中国职员一样，她们有着勤恳的敬业精神，都共同参加公司的同样项目，在业务上的表现不相上下。

在公司业务高涨的1999年，莎拉被提拔做了项目经理，而安吉拉则一直在工程师的位置上，成为莎拉的下属。到了2001年，公司大批裁员，安吉拉作为首批被裁人员，离开了工作了五年的公司。

什么使她们两人的前途如此不同呢？负责解雇安吉拉的老板认为："安吉拉冷淡而又不合群的个性，会使我们感到少了她我们并没有缺少什么。而莎拉是个乐观热情的人，她坚强、果断又聪明，她散发的热情能感染每一个人，她的活力能让人人都喜欢她，她是一个天生的社交家和领导者。"

　　当然，热情也是有限度的，倘若对人过分的热情，甚至到了多管闲事、打探私人隐私的地步，那么，热情就不是优点，而是伤人的武器了。

　　小敏的办公桌在昕儿对面。上班的第一天，昕儿就像熟人似的问长问短，并将自己的经历对小敏和盘托出。昕儿告诉小敏，她曾经是校园十大歌手和演讲比赛最佳辩手。这些荣誉很快就得到了证实——午餐时间，每当她走过工作区，都会旁若无人地亮开歌喉；一件不相干的小事，她都会不依不饶争论个没完。

　　年末，部门要开招待会，答谢客户。小敏手里刚巧有一个策划案，想借机向一位圈内小有名气的策划人请教。于是将他列入了邀请名单。昕儿一看就大叫，这人我太熟了，我给你引见。

　　招待会很热闹，昕儿天生适合这种场合，像和所有人都认识，谈笑风生。好不容易，小敏将策划人请到一边坐了下来。昕儿来了，她立刻成了主角，跟策划人聊以前的旧事，聊她认为成功或失败的案例，小敏简直插不上嘴。

　　小敏拼命地将话题往策划案上引，可是昕儿像是不明白，依然滔滔不绝，不仅小敏开不了口，连别人也只有笑着听的份儿。

　　后来小敏忍无可忍，转身离开。她的策划案和准备了好几天的想要探讨的内容，统统在昕儿的谈笑风生里化为泡影。

　　后来，小敏就经常有意无意地避开昕儿。

也许像昕儿这样的人，大家都宁愿在远处欣赏她，却不愿意成为她的合作者。因此，热情应该是适度的，有分寸的。不然，热情也会成为制约职场生涯的障碍。尤其是平素里就热衷于拉帮结派、谈天说地的女人，在职场里，尤其需要懂得何谓适度的"热情"。

当然，职场中的热情并不仅仅是为人的热情，这样的热情能够辅助你事业的成功，然而，事业的根基却在于你对于工作本身的热情。不管能力如何，只要对工作充满不懈的热情，而不是仅仅满足于刚开始的新鲜感，那么，你的事业最终将迎来更好的发展。因为当热情发自内心表现为一种强大的精神力量时，才能征服自身和环境，创造出职业生涯的最佳成绩，使我们在激烈的竞争中立于不败之地。

我们不光需要职业热情的支持，更需要通过职业热情来推动工作。一个人有了一种积极向上的精神状态，再加上热情似火的行为，就有了对现在所从事的职业的高度负责和热爱，更能让同事和领导看到我们的态度和效率。这样一来，我们无须走弯路就能很直接地走向成功的康庄大道。

好人缘是女人的宝贵财富

女性的人际关系状况，即是否拥有"好人缘"，关系到工作、生活、事业能否得以顺畅运行。在某种意义上，人缘已经成为一个人安身立命的关键。有个好人缘，你尽可以实现人生中的多种构想；没有好人缘，则会到处受挫，寸步难行。

好人缘是做人最宝贵的财富。有道是：遇一知己，人生足矣。得人心者，天必助之。自古以来，得道多助，失道寡助。得人缘者定输赢，得人心者得天下。可见人缘与人生、人缘与事业是密不可分的。

好人缘是个人实力的证明。才疏学浅之人，是不会得到众人赏识的，品行不端更不会得到众人的拥戴。一个口碑不佳、形象不好的人，必会遭到人们的厌恶。而品学双修、素养高雅、谈吐风趣的人，则一定是受人拥戴的。

好人缘是人生考验的结果。没有一种成功是偶然的，谁都不能随随便便的成功。当我们试遍了所有的失败，尝遍了所有的苦涩之后，有一条成功的秘诀向你招手，那便是拥有好人缘。历数当代成功人士，好人缘是他们成功最大的秘密、人生最大的收获。

在交际场合长袖善舞的女性也许并不是貌若天仙的，但好人缘使她具有专属自己的独特吸引力，令她得到每一个人的欢迎和欣赏。她们如翩然起舞的蝴蝶，在人生的各种角色间轻松游走、自由切换、游刃有余。好人缘让她们不断收获成功和幸福。

在家庭里，她们会向亲人倾吐自己的欢乐和忧伤，也会及时送上自己的温情与慰藉；在职场里，她们会和同事们亲切地交谈，精诚合作、风风火火、奋力拼搏，也会为别人的成功献上自己最真诚的祝福；在上下班的路上，她们会向熟人热情问候，和同伴海阔天空，也从不吝惜对陌生人问一声好；在朋友生日宴会上，她们会道上一声真诚的祝福。

她们无时无刻不把与他人联系当作一种极大的欢乐。

她们懂得尊重别人。人缘就像山谷的回音，你付出了真诚，回应的也是诚挚之心。与人为善，尊重他人也就是与己为善、尊重自己。

她们拥有容人之量。人事纠缠，盘根错节，矛盾和摩擦都是无法避免的，小肚鸡肠者终日耿耿于怀，无法解脱；而宽容之人都能一笑而过，大度处之。

她们最有人情味。关心他人、爱护他人、理解他人，在别人最困难的时候伸出友谊之手，"雪中送炭"，排忧解难。

她们待人以诚。在处理人际关系时，总是真心实意，心口如一，从不藏奸耍滑，戴上虚情假意的面具。她们总是光明磊落，胸怀坦荡。

打造好的人缘，能为你筑起一道通往成功的桥梁。

年轻的女性，如果你觉得自己的人缘还不够好，就要开始省察自身了。

人缘不好者往往有一些毛病：自以为是，瞧不起别人；看人总是斜着眼睛；回答问话时往往显出不耐烦的神情；即使在求助于别人时，也爱摆出一副似乎胸有成竹的架势，好像在老人家。这些表现，虽然并非完全是有意识的，却必然会引起他人的反感。

心胸狭窄、妒忌心重，是人缘不好的重要因素。能力比她强的，她不服气；受领导器重的，她看不顺眼；别人相互关系密切，她则悻悻然；甚至连谁讲了一句精妙的俏皮话，她也会若有所失。这就无形之中在她与别人之间构筑了一道厚厚的墙。

另外，疑心病太重，也是人缘不好者的一大弱点。看到几个人在窃窃私语，便怀疑在议论她；甚至别人无意中瞟了她一眼，她就受不了。凡此种种，使自己终日处于惶惶然之中，使别人对她避之唯恐不及。她们在人际关系中没有信任，当然也不可能与别人沟通感情，就连正常的信息沟通也受到了严重阻碍。

看看你自己是否也有这些毛病。如果答案是肯定的，那就努力改变自我，学会做一个长袖善舞的女人。

　　从现在开始提高自己的心理素质，做到在与人交往时挥洒自如，处变不惊、镇定自若。不要怯场害羞，要相信自己的能力，即使面对非常严厉的人也不要过分紧张。要多参加一些有益的公众活动，得到与人交流的机会，不断地扩展自己的人际关系。

　　对于一个女人而言，如果你还想在事业上有进一步的发展，就必须懂得主动和人交往，广结人脉。

　　而很多女性认为，主动和人接触常常是一件很困难的事情。她们羞于运用自己的交际能力，或是根本不愿展示自己的魅力。然而，不合时宜的谦虚，以及过分良好的家教，都会成为女性成功道路上的阻碍。

尝试和有实力的人做朋友

　　传说有一次，一群鸟在争论谁能飞得更高，于是它们决定比赛，当其他的鸟都飞回地面时，鹰还在高高地翱翔，一只很小的鸟，小小的身子，小小的翅膀，本来它注定只能在低空里飞翔，但是它此刻却趴在鹰背上，当鹰也飞不动的时候，这只小鸟从它的背上飞起，它看着低空下的那些鸟，叫着："看啊，我比鹰飞得更高。"

　　对于职场女性来说，你无须只靠自己的实力取得成功，最重要的是你要找到那只让你垫脚的鹰。职场中，有时候我们就像那只小鸟，如果凭着自身的能力无法飞到自己期望的那个高度时，不要埋怨自己的学历不硬、天资不够，而应该睁大眼睛去选择一只可以带你高飞的鹰。

但是一只鹰的能力也是有限的，想要飞得更高，一辈子不能只让一只鹰驮着，要在旅途中不停地寻找着更强的鹰。这样，你才能越飞越高，总有一天，你可以从鹰背上飞起，说："看啊，我比鹰飞得更高。"

想找到带你高飞的鹰，就必须为自己搭建人脉。很多人可能以为，女性建立关系网是件简单的事，事实并非如此！女性虽然可以经常认识很多人，但是在紧要关头需要得到别人商务上的帮助时，她们会突然间不知道应该去找谁。

如果我们在各个领域都有些熟人或朋友，很多事情相对地会比较容易解决。然而，女性经常反其道而行之，不懂得为了自己充分使用这些关系网络。她们总是希望通过自己的"努力"和"成绩"来获得他人的认可。

讨论会开始的第一天，所有人都在各自的小组里绞尽脑汁地为公司未来的发展想策略出点子，直到晚上七点钟才结束。大家一同吃完晚餐后，有人提议一起去宾馆的酒吧放松放松。

于是，大家三五成群地去酒吧里聊天喝酒，十点之后，第一个提出回房间休息的是个女经理，直到十一点，最后一个女经理也实在熬不住了，上楼休息去了，而所有男经理的酒兴才刚刚开始。

第二天早上，大家在早餐厅碰面，一夜的好睡眠使女士们显得容光焕发，其中几个还一大早去健身房锻炼了一番。而男士们姗姗来迟，个个看上去就像是霜打过的柿子似的，有几个因为酒精的缘故头痛了一夜。

开会了，女士们极力讨论着各种方案，而男士们则蔫儿蔫儿地瘫在他们的沙发椅里。晚上大家回家后，女士们感到非常郁闷，她们觉得这些男人表现得实在不够专业，也不懂得敬业。

女士们以为，讨论的结果在第二天会有一个突破性的进展，结果却让她们大失所望。她们的男同事的心思看上去全然不在工作上面，但是他们却非常满意地回去了。因为他们和公司的董事们喝酒聊天直到凌晨四点，其间还把一些预谋很久的请求提到桌面上来。

女士们本来希望说服这些董事们，在这个行业，某某规定是行不通的，某某项目对于公司明年的业绩有多么重要。事实上，董事们对她们的建议完全没有听进去，因为一切要点昨晚都在那个吧台上有了答案，而且，董事们还特别开心地和大家轻松了一把——联盟就这样形成了。

当然，并不是要女人像男人一样去酒桌上解决问题。重要的是女人应该懂得通过日常社交获得资源和关系。在日常交往中，如果时机适宜，你大可以展开你的商业话题。

不一定非要是冗长深奥的一番演说，有时一个不经意间脱口而出的小建议，足以能引起对方的注意和考虑。你必须明白，会议结束后，一些茶余饭后的交谈比会议本身来得重要。很多时候，重要的不是会上发表的言论，而是会下的聆听、结交和关系维系。

如果你面临着一次在外地的工作会议，请记住，第一天的工作绝不能在晚上七点钟之前结束。你得和同事们一起共度那个夜晚，尽管你酒量不佳，但手里拿着装着矿泉水的酒杯你照样可以高谈阔论，或者每两轮就到卫生间放松一番，大家也会体谅你的。

有的女性会和吧台的服务员做个小小的交易：当又有人想敬你一杯酒时，服务员会倒上一些非酒精的饮品。

在社交活动中，你绝对不可以表现出无聊。良好的教育和无可指责的举止固然很好，但是你也要尽力寻找一些娱乐消遣性的谈资，营造一种祥和轻松的氛围。

如果你和一帮人用商务晚宴，你要表现快乐开心的样子。试一试把那开胃酒当作一杯矿泉水吧，不要心存太多顾虑。有人说："为了显得健谈幽默，无论你做什么都不重要，重要的是你得做些什么。"确实如此，人们无法想象一个成功的职业女性会一整晚一言不发地瞪着桌上的酒杯发呆。

很多女性一想到要和很多不熟悉或不认识的人交杯换盏，故作亲密就很头痛。但请换个角度想想，这可是你积累人气的好时机，因为能站在别人的立场和爱好上发表自己的意见，一定会让他们对你刮目相看。也许，你职场生涯里那只能载你高飞的鹰就在这里面。

这样的人，你离她越远越好

在公司中，无论是上司还是同事，都不喜欢和爱抱怨的人在一起工作，抱怨是工作中最大的敌人。在工作中，看到问题只会愤愤不平，那样你就会成为"怨妇"。

"烦死了，烦死了！"一大早就听小蔡不停地抱怨。一位同事皱皱眉头，不高兴地嘀咕着："好好的心情，全让她给吵坏了！"

小蔡现在是公司的行政助理，事务繁杂，是有些烦，可谁叫她是公司的管家呢，事无巨细，不找她找谁？

其实，小蔡性格开朗，工作起来认真负责，虽说牢骚满腹，该做的事情一点也不曾怠慢，设备维护、办公用品购买、交通费、买机票、订客房……小蔡整天忙得晕头转向，恨不得长出八双手来。再加上为人热情，中午懒得下楼吃饭的人还请她帮忙叫外卖。

刚交完电话费，财务部的老王来领胶水，小蔡不高兴地说："昨天不是刚来过吗？怎么就你事情多，今儿这个、明儿那个的？"抽屉开得噼里啪啦，翻出一个胶棒，往桌子上一扔："以后东西一起领！"

小李正在一旁，又不好说什么，忙赔笑脸："你看你，每次找人家报销都叫'亲爱的'，一有点事求你，脸马上就长了。"

大家正笑着呢，销售部的张丽风风火火地冲进来，原来复印机卡纸了。小蔡脸上立刻晴转多云，不耐烦地挥挥手："知道了。烦死了！和你说一百遍了，先填保修单。"单子一甩，"填一下，我去看看。"小蔡边往外走边嘟囔："综合部的人都死光了，什么事情都找我！"对桌的小王气坏了："这叫什么话啊？我招你惹你了？"

态度虽然不好，可整个公司的正常运转真是离不开小蔡。虽然有时候被她抢白得下不来台，也没有人说什么。怎么说呢？她不是应该做的都尽心尽力做好了吗？可是，那些"讨厌""就你事情多""不是说过了吗"……实在是让人不舒服。特别是同办公室的人，小蔡一叫，他们头都大了。

"拜托，你不知道什么叫情绪污染吗？"这是大家的一致反映。

年末的时候，公司民主选举先进工作者，大家虽然都觉得这种活动老套可笑，暗地里却都希望自己能榜上有名。奖金倒是小事，谁不希望自己的工作得到肯定呢？领导们认为先进非小蔡莫属，可一看投票结果，50多张选票，小蔡只得12张。

有人私下说："小蔡是不错，就是嘴巴太厉害了。"

小蔡很委屈："我累死累活的，却没有人体谅……"

别以为怨妇是这个世界上最时髦的女人。年轻的女人，越是心存不满、抱怨不止，就越难取得别人的认同，还会扰乱自己良好的人际关系，成为自己进步的绊脚石。

著名的职业顾问托尼·罗宾斯总是喜欢提醒人们："别把精力放在鸡毛蒜皮的小事上，想想大事！"许多人在面临工作中的问题时，总是采取一种抱怨的态度，这样不但解决不了问题，反而会带来一些负面影响，影响自己的事业发展。

公司里常听见一些人抱怨自己的公司和老板，觉得自己的老板太刻薄、公司规模小、管理落后，等等。事实上，你所在的公司能存在并发展，说明它一定有过人之处，可能是一项高科技产品，可能是一种先进的管理模式，也可能是一种催人奋进的企业文化，这些都是你的人生发展中很宝贵的学习资源。

尤其是你的老板，作为公司的领航者，他为你事业的发展提供了一个很好的平台，而且在日常工作中，他也时刻关心着你的成长。

因此，对工作牢骚满腹的女人，应将目光从别人的身上转移到自己手中的工作上，心怀对工作的感激之情，多花一些时间，想想自己还有哪些需要提高和进步的地方，看看自己的工作是否已经做得很完美了。

如果你每天能带着一颗挑剔自己而不是别人的眼光去工作，相信你工作时的心情自然是愉快而积极的，工作的成效也将大不相同。

我们凭什么这样说话还心安理得

人与人之间发生一些小摩擦和小误会，在当今社会是再正常不过的事情。有的女人胸怀宽广，事情过去，也就忘了，但不是所有人都有这般胸怀。

在人际交往当中，经常会看到一些争吵只是源于一件鸡毛蒜皮的事情，但由于一方逞一时口舌之快，说了带情绪的话，伤害了对方的自尊心，而另一方也不是省油的灯，受羞后觉得面子上过不去，便也勃然大怒、反唇相讥，甚至大打出手，小事变成了大事，最后酿成祸端。

还有一些女人，并不是因为和别人有矛盾或者有摩擦，只是觉得自己口才好，只要能把别人说得无话可说，便会觉得很快乐。这些人说话不经思考，像竹筒倒豆子一样，噼里啪啦，全然不管别人能否接受，或者说的内容是否符合事实等。

她们想到什么便说什么，不管是长辈还是晚辈，是领导还是下属，只要能展现自己的非凡口才，能显示自己的"聪明才智"，便不分时刻，充分发挥自己的口才，直到把对方说得脸红脖子粗，哑口无言，自己方才罢休。也许当时对方哑口无言，但是对方的心里一定不舒服。

年轻女教师小吴最近老是感觉自己嗓子不舒服，很难受。去医院一检查，是扁桃体发炎了，已经比较严重了，医生建议动手术。小吴心里有些害怕，也有些愤愤不平，在办公室当着对面老教师老江的面发牢骚说："太不公平了！我这么年轻，为什么会得这种病？为什么不让老年人得这种病呢？"

老江听到这句话哈哈笑了起来，但也有些生气。忍不住调侃地反击道："谁说生病是老年人的专利了！老年人已经包揽了心脏病、肺气肿、高血压等常见病，你们年轻得这么点小病也是天经地义的嘛！为老年人分担点疼痛不是应该的嘛？"

小吴听到老江的话，虽然意识到自己说漏嘴了，但是老江的话也让她很生气，因为她又不是说老江，他至于说上这么一大通吗？

小吴尴尬地笑了两声，言不由衷地道歉说："江老师别误解我的话，我只是说我自己倒霉，没说你的意思。这怪我说话不严肃，你别多心！"

江老师听到这些，知道小吴不是真心道歉，但毕竟也是道歉，就不再说什么了，只是心里一直不是滋味。在随后的相处中，两人总觉得怪怪的，能不说话就不说话。

相信小吴肯定不是真心让老年人生病，她只是一时嘴快罢了。她的话，纯属无心伤人，但是为了逞一时口舌之快，却得罪了他人，影响了同事关系。其实文中的小吴，她只需要说一下自己的病情，自己感到非常痛苦就行了，这样还能得到在场人员的同情和安慰。而她说话时拖泥带水，引出一些伤人的话"为什么不让老年人得这种病呢？"最后得罪了人。

说话要三思而行，如果你性格暴躁，受不了一点气，喜欢逞一时口舌之快，那么一定要改掉这个毛病，否则它会影响你的人际关系。如果你短时间内实在无法克服，

喜欢逞一时口舌之快女人，往往脾气暴躁，没有耐心。如果你也是这样，就要有意地培养你的耐心。一个有耐心的人是不会从口舌之快里寻找快感的。

如果在辩论会上，一番唇枪舌剑，显示了才华，彰显了智慧，无疑会获得称赞，赢得热烈的掌声。但是在现实生活中，如果处处反唇相讥，寸步不让，却会伤感情。

日常生活和工作场合不是辩论场，也不是会议场和谈判桌，你也许会遇上能力强但口才差的人，或者是能力差口才也差的人。如果你在辩论中赢了前者，并不能证明你的观点就是正确的；如果你赢了后者，更说明不了什么问题。

不管你是如何逞了口舌之快，结果却是一样的。那就是，人们虽然不会在言语上和你交锋，但对的事情大家都心知肚明，反而会更加同情弱者，同情那个"辩不过"你的人。

　　你的意见也不一定会得到大家的支持，而且别人也知道你是一个好斗好辩之徒，只好尽量回避你。如果你处处得理不饶人，在语言上喜欢把对方"逼上绝路"，不给他人台阶下，那么这会给你处处树敌，对你绝对不是好事。

　　有好的口才，当然是件好事，但是一定要运用得当，否则便会变成坏事。如果你有口才，请参考以下建议：

　　一是把口才用来说理，而不是用来战斗。好口才可以让你在人际交往中游刃有余。但是，好的口才是用来说理的，不是用来战斗的。

　　二是内涵比口才更重要。有些人看似口才出众，只是因为他好斗，没有几个人愿意和他交锋。他的口才更多时候也只是在狡辩，伶牙俐齿里面并没有多少实质性的内容。好口才必须有相应的内涵，否则别人会笑你全身只有舌头最发达。

　　三是学会给对方台阶下，不要得理不饶人。在和同事相处时，针对工作问题，也许你观点正确，并且论据充足。但是聪明的女人要知道，驳斥对方的时候，只需要点到为止，让对方明白就可以了，千万不可让对方无地自容。

　　换句话说，就是要给对方台阶下，穷寇莫追嘛！很多时候，穷追猛打并不能取得很好的效果，相反退让一步，给对方一个台阶，能起到更好的作用。还有，谁也不能保证自己永远没有过失，想想以后万一自己也出现错误，对方会怎么对你呢？

　　四是如果要争辩，只争辩事实。同事之间的争辩，大多是因为工作上的事情。这个时候就要对事不对人。如果是自己的观点有错，那么就勇于认错，并接受对方的观点，千万不要用辩论的技巧死命反击，因为黑就是黑，白就是白，死撑着辩论只会让别人看不起你。

学学人家是怎么说话的

在人际交往中，谈话作为考察人品的一个重要标准，也是人们交流感情，增进了解的主要手段。

如何说好话，是一门艺术，有的女人谈起话来滔滔不绝，容不得其他人插嘴；有的人为显示自己的伶牙俐齿，总是喜欢用夸张的语气来谈话，甚至不惜危言耸听；有的女人以自己为中心，完全不顾他人的喜怒哀乐，一天到晚谈的只有自己。

这些女人说话的内容不论如何精彩，但如果时机掌握不好，也无法达到说话的目的。因为听者的内心，往往随着时间变化而变化。要想使别人愿意听你的话，或者接受你的观点，就要选择适当的时机说。

作为女人，说话选择时机是非常重要的。但何时才是这"决定性的瞬间"，怎样判断并抓住，并没有一定的规则，主要是看对话时的具体情况，凭你的经验和感觉而定。

具有高明演说技巧的人，往往能很快地发现听众所感兴趣的话题，同时口能够伺机而开，说得适时适地，恰到好处。也就是说，能把听众想要听的事情，在他们想要听的时候，以适当的方式说出来。这不但要说到别人的心坎上，还要利用这个时机，巧妙地表达出自己的意思，达到办事的目的。

我国第一位现代舞拓荒者裕容龄，幼年时随外交官父母迁居巴黎，由于受旧礼俗围圈，一直不敢进言学舞的愿望。

有一次，日本公使夫人到她家做客，问其母："你家小姐怎不学跳舞呢？我们日本女孩都要学的。"

裕母不便拒绝，顺水推舟道："往后再学吧！"裕容龄趁机进言了："好母亲，我今后就学日本舞跳给你看，好吗？"说罢，便换上舞装跳起《鹤龟舞》，公使夫人夸赞不已，母亲也只好认可。

裕容龄的进言成功，在于她抓住了时机。生活中，许多女人有一个共同的毛病，就是在不必要的场合中，把自己所有的话题，在一次机会中全部说完，等再需要她开口的时候，已无话可说了。

这样即便是说，也是无味，既不形象生动，也不新鲜活泼，怎么能产生感人的力量呢？又怎么能进入或很快地进入角色呢？只有伺机而说，才能长时间地留在人们的记忆里。

在这个人际关系复杂的社会中，每个人都充当着一个重要的角色，你的话在什么时候说才是最有价值的，关键就在于你会不会选择适当的时机。

某宾馆服务员小罗第一天上班就被分配在酒店A楼5层做服务员。由于刚经过3个月的岗前培训，她对工作充满信心，自我感觉良好，一上午的接待工作也还算顺手。

午后，电梯门打开，走出两位来自香港的客人。小罗立刻迎上前去，微笑着说："您好！先生。"

看过客人的住宿证后，小罗接过他们的行李，边说："欢迎入住本饭店，请跟我来。"

　　小罗领他们走进房间后，随手为他们倒了两杯茶，说："先生请用茶。"接着她开始一一介绍客房设备，这时一位客人说："知道了。"

　　但是，小罗没有什么反应，仍然继续介绍着，还没说完，另一位客人从钱包里拿出一张百元人民币，不耐烦地递给小罗。"不好意思，我们不收小费的。"

　　小罗嘴上说着，心里却想，自己是一片好意，怎么会被误解了。这使小罗十分委屈，她说了一声："对不起，如果您有事就叫我，我先告退。"

　　电冰箱老化了，制冷效果很差。丈夫几次提出要买一个新的，都因妻子不同意而没有买成。中午，妻子对丈夫说："今天真热，你把冰箱里的冰棒给我拿一支来。"

　　丈夫打开冰箱说："冰棒都化了。"

　　"这个破冰箱！"妻子说。"还是再买一个新的吧？"妻子欣然同意了。到了商店，看中了一个冰箱，一问价格，要3000多元。

　　"太贵了，还是不买吧。"妻子说。"端午节快到了，天气这么热，单位分的肉和鱼往哪放？"丈夫说。

　　站在他们身边一直没有开口说话的营业员这时插入一句："这个冰箱是今夏购买最多的，您真有眼光！虽然贵点，但耗电省，容积大，而且质量上是绝对有保证的，从长远看还是很合算的。"

　　妻子听营业员这么说，"那好，就买这个吧。"妻子终于同意了。

　　以上两则故事，都是在服务中与人交往的例子，可是她们却得到了不同的结果，小罗之所以被下了逐客令，原因就是小罗不善于观察时机，第一次客人说"知道了"的时候，就表示客人已经对小罗的说话不满了，而小罗却毫无感觉，到最后心里还想，自己完全出自一片好心怎么会被误解呢？

　　这是小罗表现好心的时机不对，如果小罗善于观察：两名客人也许刚下飞机很累，需要休息；或者他们是该酒店的长住客，房间设施都十分熟悉。

　　在给客人倒过茶之后说上一句："还有什么需要我帮忙的吗？"如果客人问小罗一些有关客房设备的问题，说明客人对该宾馆并不熟悉，这个时候小罗就可以将客房设备一一向客人说清楚。

　　如果客人对房间设施都十分熟悉，客人起码也会对小罗说一句："不用了，谢谢。"这样说，不但会得到客人的感谢，还省了那么多口舌，何乐而不为呢？

　　而故事二中的营业员正是利用善于观察这一点，捕捉住了说话的时机，说中了购买者的担心，就是怕掏了那么多钱再买一个质量差的冰箱。

　　所以营业员说这个冰箱是今夏售出去最多的，即便是营业员把这个冰箱说得再好，都不如一个顾客说冰箱好，营业员正是利用这一点，说了冰箱的销售情况，给这对夫妇一个"定心丸"，并最终达到了目的。

　　把话在适当的时候说出来，并说话得体，是一门艺术，只有面对不同的语言环境随机应变，才能取得最佳的表达效果。

　　孔子在《论语·季氏篇》里说："言未及之而言谓之躁，言及之而不言谓之隐，不见颜色而言谓之瞽。"不该说话的时候却说了，叫作急躁；应该说话了却不说，叫作隐瞒；不看对方脸色变化便贸然开口，叫闭着眼睛瞎说。这三种毛病都是没有把握住说话时机。

说话是直接的语言交往，从来就不是一个人的事，双方当场对面，还要受到周围环境的种种限制。该说话时不说，马上时过境迁，失去成功的机会。一句话说到点儿上，很快拍板，事情就办成了。

说话时机的把握，有时就在瞬息之间，稍纵即逝，时不待我，机不可失。因此，要把握说话的时机，把每一句都说到重点上，这要比掌握、运用其他说话技巧更重要。

清末光绪皇帝戊戌变法，在短短的 103 天中，光绪以康有为、梁启超等人做顾问，发出了 40 余道上谕，一揽子提出政治、经济、军事、文化各方面的改革，几乎说出了他们想到的所有问题：

改革行政机构，裁减衙门和官员；废除八股文，重定考试制度；取消各地书院，改设新式学校，学习西学；设立农工商总局，保护和奖励工商业；修订法律作为摆脱治外法权的开端；修筑铁路，开采矿产；实行军队、警察和邮政系统的现代化；准许自由创立报馆和学会；提倡上书言事；鼓励发明和出国留学……

光绪皇帝急匆匆把所有的话在百来天全盘说出，过大的动作招致了过多人的反对，把所有重要的利益集团都得罪了。

《韩非子》说："事以密成，语以泄败。"西谚也云："如同选择食物一样，说话也要选择。"话要见机而说，简洁而说，否则多余的一句话，会惹来不必要的麻烦。不必说而说是多说，不当说而说便是非，因此要懂得伺机说话，才不会招致愆尤；懂得伺机而说，是智者的表现。

你那么好看，不要生气

　　饭桌上，有人不小心冒犯了你，你一脸愠色，起坐离席；和男朋友吵架了，还没等他解释，你冲上出租车转身离去，还关掉手机，让他48小时内找不到；上司批评了你，你"啪"地将文件扔在桌上，恶狠狠地说："老娘不伺候了"……

如果这些场景发生在电视剧里，我们会会心一笑，觉得真是个有性格的女孩，着实替漂亮的女性朋友们出了一口气。但是，生活不是电视剧，而你，也不是十几岁无所畏惧的小姑娘，有事没事就能乱发脾气。

也许我们心里有太多的委屈、经历了太多的挫折，甚至是受到了太大的压力，我们觉得自己有百分之百的理由发脾气，可是发脾气对于解决问题来说是无济于事的。

在你发泄之后，你的委屈并不会因此减少，你的挫折还同样存在，甚至你的压力会越来越大……这一切的一切，并没有因为你的坏情绪而向好的方面转变。

因此，试着忽略你的坏情绪吧。也许你会觉得这是难以忍受的，但想要实现自己期待的目标，忍耐力是不可缺少的要素之一。因此，就算是天生直性子的人，也要培养良好的耐心，坚持着做下去，虽然这也许意味着无可奈何地承受自身的痛苦。

当有人侮辱你的时候，虽然心里很想给对方一巴掌，但还是会忍住这种冲动，装作没有听到；工作不顺心，但是丝毫不屈服，继续不停地做自己分内的工作。

当然，我们并不是提倡做隐忍不发的旧时代妇女，我们也清楚，仅仅是忍受，绝对不是美德，而是不幸。我们说的是，如果想要成功，就必须坚持做下去。如果情绪对你来说毫无意义，那就扔掉情绪，努力培养自己"继续做事"的能力。

专攻产品设计的小林，如愿以偿地成为一名生活用品设计师。但是，她进公司后的第一个企划案就被退回，而且，连续几个月以来，她没有一件作品被公司采用。她几乎已经没有脸再顶着设计师的头衔混下去了，这让一直努力不懈的她失去了信心。

她在考虑自己是否应该换工作时，一次偶然的机会，她拗不过朋友的请求，一起去参加了东洋画的课程。她们的第一堂课是学习绘画阴影，但全然不像想象中那样简单。

同时开始学习的朋友屡次被讲师表扬，而自己却屡次被讲师批评，这对于美术出身的小林来说是一个不小的打击，也是一件颇伤自尊的事情。

从那天晚上起，小林就在家中铺上报纸开始练习画阴影。但是，不论怎样练习，似乎都没有什么进步。不服气的小林天天坚持努力练习，直到有一天，在东洋画课堂上，讲师的脚步停在小林身旁。

讲师看着她的画纸，对众人说："大家看看，画阴影就是要这样画。这边的几条线和这几条线是不是构成了完美的平衡？我教了这么多年画阴影的技巧，第一次看到这么优秀的作品。"小林此时有了久违的成就感，她再次相信坚持不懈地努力就可以换来成功。

现在，她在一家优秀的公司担任设计总监。

成功女性的性格犹如铜钱，外圆内方，在温柔如水的外表下，跳动着一颗坚强的心。她们已没有了狂热女权主义者的幼稚，从不摆出一副百毒不侵、盛气凌人的女强人的面孔，也从不以为这样就是坚强。

她们知道：刻意追求的强悍，与自己真正的内心世界反差太大，是毫无韧性的坚硬。因此，她们懂得用最温柔的行为出击，争取最合理的待遇与最合适的位置。

而且，聪明的她们从不像工作狂那样抛弃男人与爱情，她们懂得用理智的心理去体会爱情的美妙滋味，但从不依赖爱情，却充分享受爱情带来的甜美；她们从不控制情感，却知道如何把它向美好的目的地引导。男人亲近她们，却从不敢轻侮她们。

如果年轻美丽的你总是觉得郁闷、抑郁，觉得生活、工作甚至爱情都在欺负你，那么你需要认识到：也许这些感觉都只是一种把你导向黑暗的不良情绪，我们需要做的就是克服它，然后努力继续人生大计。

与其生气，还不如争气

女孩子总是容忍不了自己受委屈，一旦她们觉得自己吃亏了，就容易引起很大的情绪波动。于是，有一些人会暗自发牢骚，向朋友倾诉自己所受的委屈，甚至在心理上开始排斥那个欺负她的人，发誓不再跟那个人有任何的来往。也有一部分人，会冲上去跟对方理论，宁可抓破脸，也要让对方明白自己的不满，并且让对方看到自己的强烈抗议，让对方知道自己并非软弱可欺。

其实，在你冲上前理论的一刹那，你已经在生活的棋局上输了一盘。生活在一个圈子里的人，怎么可能不产生矛盾？他或者看轻你了，说话伤害到你了，但你不是一定要打破鼻子、抓破脸的。

生气不如争气，把对方对你的轻视看作是一种促使你向上的动力，做出成绩让他们看看，他们的看法是错的，让他们自己去悔悟，这样往往要比你自己冲上去更加有效果。

很多人大概都知道，陈鲁豫毕业找工作的时候，曾经接受过一个机场广播电台的面试。当她出现在面试官面前时，面试官一直在摇头，似乎在说，这样又瘦又小的形象怎么可能当主持人？

陈鲁豫明白了对方的意思，也没说什么，默默地走开了。可是，若干年后，鲁豫以其独特的主持风格，在凤凰卫视闯出了一片天。

大多数女性朋友都喜欢看周星驰的电影，都会为周星驰电影的搞笑路线而惊叹不已。可是，周星驰自己却说，人生都是从小人物开始的，卑微不过是人生的第一堂课而已。于是，有人利用这些材料写下了如下的内容：

　　没有导演看重外形瘦弱的他，因为观众的鲜花与掌声只献给美女与英雄。失落之余，他转行做儿童节目主持人，一做就是4年，他以独特的主持风格获得了孩子们的喜欢。

　　但是当时有记者写了一篇《周星驰只适合做儿童节目主持人》的报道，讽刺他只会做鬼脸、瞎蹦乱跳，根本没有演电影的天赋。这篇报道深深刺激了周星驰，他把报道贴在墙头，时刻提醒和勉励自己一定要演一部像样的电影。

　　于是，他重新走上了跑龙套的道路，虽然仍要忍受冷眼与呼来唤去，仍是演那些一闪而过的小角色，但他紧紧抓住每次出演的机会，拼尽全力展示最独特的自己。

　　一年之后，也就是1987年，他参演了第一部剧集《生命之旅》，虽然差不多还是跑龙套，但是终于有了飞翔的空间。从此，他开始用一身小人物的卑微与善良演绎自己的人生传奇。

　　如今红遍海峡两岸的组合S.H.E也曾经去过一个剧组试镜，可是没怎样开始，剧组的主创人员已经全盘否定了她们的表演。在演艺道路上，也许S.H.E走得很艰辛，可是在歌唱事业上，她们却发展成了华语区最红的女子组合，身价过亿。

　　谁的人生都会有波折，没有一个人能说"我的人生之路是平坦的"。但是，你该怎样面对你的人生？面对那些否定你或者看轻你的人，冲上去理论无疑是最不明智的行为。就学学鲁豫、周星驰、S.H.E，在经历了别人的轻视时，在承受了人生的冷遇时，生气不如争气，翻脸不如翻身。你说我不行，我偏要让你看看，我是可以的，我能行！

　　对于年轻的女孩来说，生气还是忍下这口气对自己更有利，翻脸还是适时弯曲对自己更有利，这是不言自明的。在弯曲时不忘积极进取，当显示出强者的实力时，自然会赢得别人的尊重。

第四章
让爱情为你的生活添彩

在职场中，有不少的女人虽然事业不错，但是婚姻却是伤痕累累的，而那些爱情幸福美满的女人，在职场中却混得不尽如人意。这是为什么呢？这都是女人不懂爱情和事业的关系造成的，只有你平衡一下事业和爱情的关系，才能轻松地获得事业、爱情双丰收。

愿每个女人都能用一颗纯真无尘的心接受命运的馈赠，在爱的呵护下收获美满的爱情。

爱情是甘露，让魅力滋长

爱，一种崇高而无私的人类关怀，就像纯正的巧克力一样，含在口里，慢慢地融化、消失，不带半点杂质；它芬芳、甜美，悄无声息地渗透到人心的最深处；它是令人感动的、艳羡的。每个年轻的女人都渴望爱情，都希望沉醉在爱河中感受人生的幸福。

爱如玫瑰，娇艳欲滴，当你忍不住伸手采撷的时候，玫瑰之刺划破了你的双手，血像那火红的玫瑰，疼痛让你揪心。然而，不疼又怎知爱情的酸甜，不痛又怎知爱情的苦辣？

爱情是复杂的，正如我们常说的，心有千千结，情有千千结。人的感情世界，千姿百态。而爱情处于人类感情世界的中心与巅峰，是人感情最敏感、最瑰丽、最奇妙、最神秘并且变化无穷的部分。

难怪王尔德说："生命对于每个人都是很宝贵的。坐在绿树上望着太阳驾着他的金马车，月亮架着她的珍珠马车出来，是一件多么快乐的事。山楂的气味是香的，躲藏在山谷里的桔梗同在山头开花的石楠一样是香的。可是爱情胜过生命……"

"不管哲学是怎样的聪明，爱情比它更聪明，不管权利是怎样的伟大，爱情却比它更伟大。爱情的翅膀是像火焰一样的颜色，它的身体也是像火焰一样的颜色。它的嘴唇像蜜一样甜，它的气息香得跟乳香一样。"

"爱比'智慧'更好，比'财富'更宝贵，比人间女儿们的脚更漂亮。火不能烧毁它，水不能淹没它……"

爱是一种无声的默契。爱是洗尽铅华、发如乱草般靠在你肩头的疲惫的脑袋；爱是尽敞脆弱，任酸楚与失意的泪水在你面前无须掩饰地真情流露；爱是飘雪冬夜的一杯热茶，是低落时爱人唇边一缕暖暖的微笑；爱是情愿为漂流如风的自由套上缰绳，躲在斗室的柴米油盐中相依相守。

女人是爱的使者，在爱情中妙龄男女情深深、意浓浓，彼此无微不至地关怀，相互之间寻求心灵最和谐的默契，相视一笑间最是动人。爱情于女人来说，是阳光下的瀑布，流光溢彩、绚烂辉煌。

爱情是女人一生中最华美的篇章，它为女人的生命增添了五彩的光华，女人的气质因为有了爱情而有了精华和灵气。

情感是阳光下的瀑布，璀璨夺目；爱情像七彩的花环，绚丽而夺目。古往今来，多少痴情少女不顾一切地奔向爱情，投入爱情的怀抱，抱着找到另一半自我的梦想，至死不悔。

爱情是美好的，是迷人的，是绚丽多姿的。她就像一场春雨，冲去了大地所有的污秽，让世界充满新鲜泥土的清香。正如艾青所写的："这个世界，什么都古老，只有爱情，却永远年轻；这个世界，充满了诡谲，只有爱情，却永远天真。只要有爱情，鱼在水中游，鸟在天上飞，黑夜也透明；失去了爱情，生活像断了弦的琴，没有油的灯，夏天也寒冷。"

爱情是人类永恒的话题，是人生永久的颂歌，爱情让平淡的生活绽放光彩，让短暂的生命源远流长。女人，因为有了爱，所以就有了追求魅力的动力。

北宋大文豪苏东坡写西湖，曾经有一句"欲把西湖比西子，淡妆浓抹总相宜"。这句诗既有对西湖的赞美之情，更有对女人一种接近天然之美的由衷感叹。

在他的眼中，女人如西湖，像一幅淡淡的水墨画，呈现在眼前的是一种本色、纯净的美。可见在古人的心目中，男人眼中的女人是清新的，有着春风的柔和，有着春雨的缠绵，更多的是感官上的宜人。女人之美在于淡然的有韵味的遐想。

有的男人表示，他喜欢一个女人，绝不会从这个女人的容貌等方面去判断，容貌的美丽只是女人表面形式的诱惑。如果需要这个女人做妻子，他考虑得最多的是女人品性的善良。

因为娶一个容貌美丽的女人做妻子，总会有红颜衰老的时候。更何况，夫妻两人朝夕相处，天长日久，形象上的美丽必然会褪色许多，就如同把一束美丽的鲜花插在花瓶里，一天、两天或者还有欣赏的兴趣，等这束鲜花真正枯萎的时候，还有心情去品位吗？

男人真正需要的是一个能给他温暖、体贴、爱抚的女人，这样的女人才是他终生赖以相伴的瑰宝。

当男人喜欢上一个女人时，就会喜欢上这个女人的一切，包括她的所有缺点。此时，这个女人的一言一行、一颦一笑，他都觉得最美。而当一个男人挑剔一个女人时，他总认为别人的妻子比自己的妻子好，无论妻子对他怎样好，他都觉得是天经地义的。

也许是这两种极端的表现，恰恰证明了某一阶段的女人在男人心目中的位置。

很多男士在谈到他们理想的亲密夫妻的时候，都会提出一些共性的观点。看看这些"男性宣言"就会发现，男人的要求其实很简单。

　　当我指出她使我感到压力时，她能够欣然接受，而不是指责我吹毛求疵或不爱她。我希望她能够依我们讨论的方法将彼此关系拉近。

　　她能承认自己也有自私的一面，我不是唯一以自我为中心的人。她自己对于爱情的付出也有限，甚至有时她只是利用我去满足她的要求；此外，我也不希望她潜意识里隐藏着一些对男人的刻板印象及负面感觉。

　　她知道沟通应该是双向的。当我们争执后能平静地讨论原因，我希望她知道我的激烈反应有的是受她的影响所致。我不希望被指为是"有问题的一方"或"不懂如何爱人"。

　　她爱的是真正的我，而不是她幻想中完美的我。我不希望自己只是去满足她的浪漫幻想，因为我知道现实并非如此，结果可能会令她更失望。

　　她不会因我或我们的关系而牺牲她身边的其他事物；因为她这样做，会使我感到被迫付出多于我愿意付出的。换句话说，我希望我所爱的女人能够了解：当我付出比她期望的少，不一定是我的错。

　　她能够容许我有自己的意见，不会认为我的意见不当，而强迫改变我。当碰到问题时，她能够与我并肩作战；当我们发生争执时，她能够视它为一种拉近彼此距离的沟通方法，而不会认为我提出问题是在找麻烦。

　　她不会过分要求我超越自己的能力去令她快乐。我也不希望她改变自己来迎合我，并希望我为她的牺牲负责。

　　她不要只告诉我对我们的关系有何不满，而是要提出一些如何改善的方法。我不希望老是要猜测她的想法，或者现在她是否不高兴？当问题出现时，被告知它的存在是不够的，我更希望她与我一同解决问题。

我也许是比较自我的人，但我不希望我的动机被误会，更不希望当我有什么做得不恰当时，就被认为是不重视这份感情。

她能够给予我所希望得到的，而不是她希望我得到的东西。

她不会过分高估或低估我，我只是一个普通人——有优点也有缺点，我跟她一样也有脆弱的一面。

由此可见，你不用闭月羞花、沉鱼落雁，你也不用为自己的体形不够完美而自寻烦恼。只要你是个温柔体贴、善解人意的女人，你就具有无穷的魅力，男人一辈子都会无法抗拒你的魅力所散发出的强大吸引力。

巧妙表白，锁定你的意中人

"关关雎鸠，在河之洲。窈窕淑女，君子好逑。求之不得，寤寐思服。优哉游哉，辗转反侧。"的确，悄悄地爱上了心上人之后，却又苦于不知道怎样表达，这是不少青年男女常常碰到的难题。你既羞于向人求教，更恐"落花有意，流水无情"，只好保持缄默，只好自己着急、苦恼。

　　经常看见一些所谓的"大胆的表白"，说实话，这真是非常不成熟的一种表现。"爱"是一个神圣的字，意味着追求，也意味着承诺，甚至体现出一种责任。

　　当你爱上一个人的时候，就应该大胆地说出来你的爱，但是大胆地说出来并不一定要直截了当地表达，很多时候含蓄地表达爱意，会有更好的效果。

　　马克思曾经说过："在我看来，真正的爱情，是表现在恋人对他偶像采取含蓄、谦恭甚至羞涩的态度。"含而不露的表白方式是指用不包含"爱"的语言，表达爱的情感。

　　含蓄的方式发出的信息比较模糊，不至于对方一拒绝就无法挽回。即使被拒绝，也不至于使双方都十分尴尬。

　　　　马克思在向他青梅竹马，从小一起长大的燕妮表达自己的爱情，提出求婚时说：

　　　　"我已爱上一个人决定向她求婚……"

　　　　此刻，一直深爱着马克思的燕妮心里急了，她问："你能告诉我，你所选择的恋人是谁吗？"

　　　　"可以。"马克思一面回答一面将一个小方盒递给了燕妮，并接着说，"在里边，等我离开你后，你打开它，便会知道。"

　　　　马克思走后，燕妮怀着忐忑不安的心情，小心翼翼地打开小盒子，里面只有一面镜子，镜中照出了自己美丽的容貌，燕妮顿时恍然大悟。马克思向燕妮表达爱意的方式可谓是经典之作。

无独有偶，在中国古代也有这样的故事。那就是大家所熟悉的梁山伯与祝英台的故事，祝英台回家，梁山伯十八里相送，走到湖边，英台望着水中两只戏水鸳鸯，对梁山伯说："梁兄，你看那水中的鸳鸯，你我就好比那一对戏水的鸳鸯……"

此处，祝英台借助水中鸳鸯形象，含而不露地表达了自己对梁山伯的爱意。只可惜梁山伯是个"木头疙瘩"，白白浪费了祝英台的一片苦心，直到见到祝英台身着女装，才恍然大悟。

现代的年轻人都崇尚率真和自由，但是女性在表达爱情的时候，也还是需要含蓄的表达方式的，不过更要利用下面的几种"新花样"，巧妙地表白。

第一种方法：找借口创造机会表达爱意。

某大学，漂亮女生高寒暗恋上了一同上课的经济系男生王小刚。虽然一起上课，但没有说话的机会。眼见课程就要结束，以后再没有一起上课的时候，高寒趁王小刚周围没有其他同学，跑过去对王小刚说："同学，我见你也经常到×号教学楼上自习，以后我们可以一起上自习吗？"

王小刚看着红头涨脸的高寒，马上明白了她的意思，犹豫了一会儿，终于点头。以后两人经常一起上自习，出双入对。毕业后两个人一起孔雀东南飞了。

因为是第一次同王小刚说话，高寒不敢贸然表达自己的爱意，于是就找了以后一起上自习的借口，为自己创造机会。聪明的王小刚自然明白高寒这句话背后的潜台词就是："我们可以做朋友吗？"

这样的表达比那些直白的诸如"我能做你的女朋友吗"之类的表达要高明得多。既不会让男生感到尴尬，又无伤自己的面子，即使遭到拒绝，也无伤大雅。

第二种方法：借物传情。

女生刘倩与男生张毅交往已经很久了，但因为双方都很腼腆，谁都不好意思先把这层窗户纸捅破。偏偏张毅又十分优秀，追慕他的女生极多，刘倩心里着急，却又不知该如何表达，情人节快到了，刘倩终于想出了办法，她到礼品店选了件小礼物，又买了张贺卡，签上名字，送给张毅。

张毅拆开盒子一看，原来是一颗银质的被分成两瓣的"心"，张毅拿起两瓣"心"拼到一起，竟听到"心"中传出来话语："I love you！"

难怪刘倩的卡片上写着这样的话呢："听见我的心对你说的话了吗？好久了，我一直想对你说，今天终于说出来了，你能接受我吗？"

故事的结局当然是十分浪漫的。刘倩在情人节用一份巧妙的礼物，赢得了自己的爱情，更为自己赢得了幸福。

这个聪明的女生，利用一颗银质的、会说话的心，俘虏了男主角的心。在两个人都是很熟悉的情况下，如果一方先挑破，后果也许会一拍两散，但是借助礼物，就会避免尴尬和难堪，只留下甜蜜。

第三种方法：手机短信，传达爱意。

现代社会是信息的时代，各种通信手段层出不穷，手机以其方便快捷的优点，逐渐成为人们主要的通信手段。随之而来，手机短信成了一种十分不错的表达感情的好方式：

一是现在的手机短信容量都很大，足以输入一篇小型情书；二是手机短信的保密性较高，一般来说交流的内容只有双方才知道，他人无从知晓。而且可以很方便地将其删除；三是较之传统的方式，手机短信的快捷性是其他传统交流方式所无法比拟的。

用手机短信表达爱意的内容很多，诸如我爱你，好想你……之类平时说出来让人感觉有些肉麻的话语，通过手机短信的形式传送给对方，对方不仅不会感到肉麻，而且心里还会美滋滋的。

此外，那些关怀备至、体贴入微的话语，也可以通过手机短信传递给你爱的人。因此，时下手机短信已经成为很多情侣之间传达爱意的不可或缺的方式。同样，还可以通过微信等聊天工具来达到这种效果。

爱他，就要说出来。闷在心里，就是亿万年也没有人知晓。白白错过好姻缘，人生岂不无趣？不要害怕，女性一样有说"爱"的权利。但是，表白还是很需要技巧的。只要是含蓄的、巧妙的表白，你的白马王子一定会被你的智慧打动的。

做一个体贴的小女人

年轻的女人，应该懂得一个和睦家庭的可贵，懂得一个温馨的家对于女人幸福的意义。但是，一个完整的家，永远也不可能离开男人。记得有一句话是这样说的："对男人多一分了解，对女人来说，也就多一分保障。"这句话虽然说得有些片面，但也不无道理。然而，年轻的你是否能真正地了解男人的内心世界呢？

在生活中，男人扮演着领导、下属、丈夫、父亲、儿子等不同的角色，肩负着各种艰巨的使命，这就要求他们在履行对家庭、妻子、子女、环境等责任时必须拼搏，全力以赴。如果不履行这些责任，男人必将受到社会各方的谴责，因此，要想做一个好男人，其实是很累的，也不是很容易就能做到的事。

做一个懂爱、会爱的女人，就要学会爱自己的男人，这是一个聪明女人创造自身幸福和欢乐家庭的开始。

那么，女人要如何爱男人呢？学会下面10件事，你就会成为一个体贴的小女人。

宠宠他的口味

不知你有没有注意过，他特别喜欢的小点心是什么？也许是牛肉干、也许是凤梨酥；只要他说过，你能放在心上，那就最好不过了。就算他从来没说过，你也可以观察到：上次买某种点心回家，他吃得好开心。这些，都是让他快乐的"线索"。

"点心"当然不能当饭吃，天天吃；也不是人人都负担得起的；更何况天天吃就不稀奇了，还容易生厌。所以，不定期的、隔些时候买一样他最爱吃的东西，宠宠他的口舌，那份点心里便藏着浓浓的爱意。尤其是，在你出差或旅游的时候，若能惦记着他爱吃的东西，为他带回家，更能让他开心得不得了。

做得一手好菜

中国人的观念向来是"民以食为天""吃饭皇帝大"。是说"要想抓住男人的心，先要抓住他的胃。"这句话对很多厨艺不佳的人来说，听起来实在很令人沮丧。其实，真的没关系，手艺平平的你一样可以让你的男人很快乐。

也许你听他讲过，"妈妈的味道"如何令他怀念不已，或者你自己也在他家吃过一道他最喜欢的菜，甚至那道让他迷恋的菜是在某家餐馆里吃到的。首先，你要做的是：虚心地向他的母亲或厨师请教食谱；其次，你不妨请半天假，把材料买齐，用"做实验"一样的心情，慢慢地做做看。

可能第一次做得不太成功，不过没关系；重点是你的男人看到你这样细心地要安慰他对某道菜的"乡愁"，也会感动得不得了。

送上细心而细小的体贴

什么时候你最需要一杯热茶或热咖啡？

工作了一天，刚刚进门，身心俱疲的时候；受了一些挫折，心情不太好的时候；不为什么，只是想一个人静一静的时候……如果你在这种时刻需要握一杯热茶或者咖啡在手中，那么你的男人一定也喜欢这样。

不要等他开口，你就为他端来一杯热茶或者咖啡，然后离开，让他独处。如果他在卧房或书房，那就帮他轻轻地把门带上。

这种贴心的照顾，不是最爱他的人怎么做得到呢？

谢谢他的"好"

当他为你做了一件事，不管那是需要花很多时间的"大事"，或是很容易做的"举手之劳"，你都可以郑重地表示你的感激。一方面这是很好的习惯，表示别人对你好，你都放在心上；另一方面，这是绝佳的示范，让你的男人也学会对你的付出点点滴滴都放在心头。

你可能没有这样的习惯，或不觉得它很重要。举些例子，你便可以举一反三：

你的男人把碗洗好了，你拿一张擦手纸或一条毛巾给他，对着他甜甜一笑，说："谢谢你，辛苦了！"

你的男人为你拿来一杯茶，你马上说："啊！谢谢！你怎么知道我正想喝？"

给足男人面子

男人把自己的面子看得比什么都重要，不管在私下他有多么宠爱你，多么怕你，在人前你一定要给足他面子，让他做天不怕地不怕老婆更不怕的他口中的顶天立地的男子汉。男人不喜欢朋友们取笑他怕老婆，除非他有足够的强大后盾和高高在上的身份。可是，大部分人都是普通人，给足他面子，他就会更加宠爱你。

满足他的虚荣心

男人大多喜欢吹牛，千万别戳破他的这个小把戏，因为这样做可以让他们得到一点力量，找到一点自信，好继续人生征程的拼搏。虚拟的成就感能让他心情明朗起来，没人喜欢自己一无是处。和妻子在一起，在床上是身体的放纵，谈话是心灵的放纵，只要爱人得到快乐，轻松一点装傻附和他一下不是很好吗？

让他欣赏美女

男人骨子里全都喜欢美女，看到美女会目不转睛或回头行注目礼。你别认为他不爱你，也别认为他好色，爱看美女是男人的本能，与品格无关。何况，爱美之心人皆有之，他看美女和你偷看帅哥是一回事。

不要让虚荣和功利迷住眼睛

物质的追求是无止境的，你的人生不是活给别人看的，鞋子合不合脚只有自己知道，舒服最重要。千金易得，有情郎难寻。金钱有价，真爱无价。

以柔克刚

男人为何喜欢温柔的女人，因为他们虽然外表坚强，但内心却很脆弱，他们需要妻子的柔情似水，轻怜蜜爱。只要你有优雅的外表和气质，有含情脉脉的眼神，以柔克刚就是轻而易举的事。

爱他的父母

爱人的父母就是自己的父母，爱屋及乌，老吾老以及人之老，只要内心深处真正感到这就是自己的父母，心理上对老人依恋亲密，老人会感受到你的这份真心的。何况，人老了很像孩子，只要像哄孩子般哄老人开心就好了。对他的父母好，他会对你更好。

一个女人如能时时关怀她所爱的男人，那他在远离你及家人单独工作、生活时也会让你放心和可以信赖；一个女人如果善于关怀男人，也就会带动他去关怀、理解他身边的人；一个会爱男人的女人，也一定是个有信心、有魅力的人。

用甜言蜜语点缀你的爱情

墨西哥电影《叶塞尼亚》中男主人公奥斯瓦尔多并没有多么出色或令人感动的行为，却先后征服了两位性格迥异的女性，重要原因之一是善说甜美的言辞。其中有一段露伊莎与奥斯瓦尔多的对白。

露伊莎："你爱我什么？"

奥斯瓦尔多："我爱你的漂亮，我爱你的欢乐，我爱你的宽容，我爱你的温柔，我爱你的善良。"

　　露伊莎："啊！我是那样地幸福。"

　　当然了，这并不是说，只有女人才喜欢甜言蜜语，男人有时对甜言蜜语也是十分受用的，铁汉也有柔情的一面嘛。男人不完全是视觉动物，除了你的打扮会让他赏心悦目外，他也喜欢听你的甜言蜜语。女人巧妙地使用甜言蜜语，再找准时候，在恋人需要甜言蜜语、柔情抚慰的时候运用这个"法宝"定能大获全胜。

　　老天有时候似乎总是给相恋的人一些考验，以此来验证一下他们的感情是否牢固，将一对恋人分处两地就是它常用的一种方法。热恋中的情侣，本来就是"一日不见，如隔三秋"，现在偏要将他们分开（分开的原因很多，工作调动，出差，求学等），确实是件痛苦的事情。这时候双方都需要来自对方的关怀和抚慰，甜言蜜语的"电话粥"，自然是不能少"煲"的了。

　　从电话中，女性如能以甜言蜜语安抚对方，虽然身处两地，但思念之情溢于言表，是情感的真实流露，丝毫不会给人以做作、肉麻之感，相反还很令人感动。这时候的甜言蜜语已经成了双方的肺腑之言。经过了这样的分别，想念双方的感情会加深许多。

　　俗话说，小别胜新婚。热恋中的情侣还没有走入婚姻的殿堂，这时候的感情往往十分单纯、火热，经历了小小的分别，再度重逢，所有的关怀和问候，都化成了甜言蜜语。

　　这时候怎么样直白地表述也不为过。你可以说："你真的回来了，我不是在做梦吧！如果是在做梦，我宁愿永远也不醒过来。"

　　你也可以拥着你的爱人说："跟你在一起的感觉真好，我们再也不分开了。"这种久别重逢的感觉，恐怕只有经历过的人才能体会得到，在此时使用任何甜言蜜语都不用怕羞，这时的甜言蜜语绝不使人感到厌烦，也许还会认为不够呢。

一提起甜言蜜语，很多人都会把它同隐私相联系，总是感觉只有两人独处、耳鬓厮磨时才会说甜言蜜语。其实不然，甜言蜜语，不仅仅包括"我爱你""我想你"之类的话，同时也包括只有两个人才懂得的"私人用语"。

比如，情侣之间的甜蜜称呼，就属于这类"私人用语"。其中意味只有你们两个知道，外人无从得知，即使在大庭广众之下说出来也无伤大雅，还会增进感情。

某君与女友是同事。一日午休时，某君见女友睡眼蒙眬，无精打采，便上前问道："你看你，睡眼惺忪，好像只猫似的。"其女友也不示弱，立刻回敬道："哪像你啊，吃饱了的猴，就知道撒欢儿。"说罢，两人会心地笑了。

原来此君私下里与女友经常以"小猫""小猴"互称对方，此中传达的爱意，自是外人无法领会的。

有人说，在爱情面前，男人较之女人要更脆弱一些。这话虽然有些偏激，但也不是完全没有根据。在现实生活中，男人作为家庭或者说未来家庭的保护神，除了承受着社会、家庭、爱情等方面的压力，还要不时迎接自尊给他们带来的挑战。

因此，当我们看到一个男人不管不顾的时候，就是他最脆弱的时候。这种脆弱不同于女人的柔弱，但一样需要关怀和爱护。所以有位哲人说过这样的一句话："好女人会在男人的脚步声中跳舞。"话中之意，浅显又深刻。

我们的爱情生活需要甜言蜜语来点缀，女性朋友一定要不吝啬地对自己的恋人表达甜蜜情意。因为在甜言蜜语当中，我们不仅能够感受到乐趣和温馨，同时也能给人带来自信，更会为你的爱情增辉添彩。

其实一些很平常的话语，只要用心说出来，就是甜言蜜语，就会有很大的意外。

我喜欢你的头发，你的头发光泽（手感、颜色、味道）……

根据你男友头发的特点来挑一样说，他有白发，你可以说，看起来很性感。即使他没有几根头发，你也可以说很干净，闻起来味道很好啊！

你的声音真好听。

声音是男人第二性征的副产品，是迷倒女人的秘密武器。所以这是一句经久不衰的好话。

你的胸膛真厚实！真想抱着你。

男人没有 A、B、C、D 的衡量标准哦，但听到你这句话，他的第一反应是荷尔蒙指数极速攀升。

你真聪明！

如果一个男人夸女人聪明，意味着她的长相有待商榷，但相反，男人会觉得这是一个很全面的打分。

你真幽默！

有幽默感的男人总是吃香的，因为幽默感是天生的，有此禀赋的人非常愿意听到这样的赞美。

你这个人真慷慨，真大方！

在我们这个物质生活还没有彻底丰富的社会里，慷慨的男人还是缺货的，需要大力鼓励。

你真像个孩子！

孩子是需要宠爱的，说这样的话，他知道他即使犯些小错，他还是被你宠爱着，怎么会不幸福呢？

你不妨试试，千万不要怕宠坏了男人，按照行为心理学家的理论，你愈夸他，他愈会让你的夸奖实现。

如此事例举不胜举，一言以蔽之，甜言蜜语充实了我们的生活。让我们携起手来，将甜言蜜语的种子撒向生活中的每一个角落。

真真切切说出打动人心的情话

人世间最伟大的就是爱。作为一个说话高手，应该要灵活运用你的口才，表达你的爱意，让爱情甘美如蜜。

2001年9月11日，美国遭遇世纪恐怖袭击，世界贸易中心、五角大楼被劫机撞毁。一名男子为救自己的妻子，担当义务救护队员潜入国防部。

遇袭发生后24小时过去了，他粒米未进："我脑子里从来没有想过她会死去，因为我昨晚和上帝谈了一次话，他说不会把她带走，起码不是现在。"

当接送大巴驶进来时，他依然没有上去："我要待在这里，直到看见我妻子活着走出来，我爱她，她也爱我……"

其实，在弥漫的硝烟中，人们面对生与死的关头，说得最多、最感人的话，也是这3个字：我爱你！

一名丈夫下了岗，在夜市里摆地摊，妻子嫌他不会挣钱不懂怎样爱她，整天吵架，要离婚。可是，那天她患急性阑尾炎，等救护车已经来不及了，平时显得软弱无力的丈夫竟然背着妻子飞跑到医院。

妻子躺在病床上看着平时显得渺小但关键时候却很伟大的丈夫，流着泪问他为什么这样做。丈夫说道："因为我爱你！"

在生活中，"我爱你"这句话，伟大而又甜蜜，让人为之销魂不已、辗转反侧。

诚然，爱就在我们的日常生活中。当你身心疲惫地下班回到家，你的他给你递上一杯热茶；当你受到委屈或工作有压力时，趴在他肩膀大哭一场；当你头痛脑热时，你的他在床前对你百般呵护……

你要做的，就是要好好珍惜爱你的人所给你的那份爱，在爱人面前，聪明的女人应该要灵活运用你的口才，表达你的爱意，让爱情甘美如蜜。

宛如电流的正负两极，男女在交往中，一经饱含爱意的言语连通，心与心方才有了交流和共振。对于步入爱河的人来说，无论是邂逅相逢、牵线相识，或者是特意相见、约会相交，其目的只有一个，那就是将爱意传达给对方，同时得到爱神的青睐。

当然，作为一个说话的高手，你当然不会每天都重复那句"我爱你"。要把情话说得打动人心，把爱意传达到爱人的心里去，这还是需要一点技巧的。那么，在交往中如何妙开尊口，方能达到两心相印两情相悦的效果呢？

一要关注和赞赏。当男女双方踏上初恋之途时，共同的话题自然以对方身边的事开始为宜。但是，对对方赞赏与关注更是大有潜力可挖的话题。

前国家女排队长曹慧英负伤疗养时，去同一个叫殷勤的对象约会。那小伙子开口便问："为什么你没去苏联打比赛呢？"

曹慧英不假思索就道起了苦衷："你知道吗，我的腿断过，刚做完手术，膝关节还固定着钢丝；我的肺也有毛病，刚出院……"

对对方的关注引发的这段自怨之言，其实也蕴含了她对对方诚意的试探。殷勤被这坦率打动，宽慰道："你的病会治好，关键是心情要乐观开朗。往后有我帮忙的，就尽管说吧！"

曹慧英听罢立即释然了。

上述两例恋情初交，男方都是用水一般柔情、宽柔的言辞来倾诉衷肠。正如心理学家所言，约会中言语的性差异愈小，对对方关注程度愈大，那共鸣之处也愈多。"春风得意马蹄疾，一日看尽长安花"，关注寓赞赏式的谈话，显然有着如此一语道尽情和爱并窥见对方心灵之妙。

二要寻找共同爱好。寻找共同兴趣爱好，是求得知音的良方；而借景物巧喻这种兴趣，更是触动对方的优雅乐音。

画家李苦禅，年轻时在"书虹画社"习画，结识了一个叫凌媚淋的女子。一日，凌故意向画家索画："师兄，请你给我画一对鸳鸯吧！"李不由一惊："师妹，你大喜了？"对方脸红了："谁说的，非得大喜才画鸳鸯吗？"

没想到李苦禅挥毫之间，竟是黑白两只雄鹰展现在画纸上，凌嗔怪道："我要的是鸳鸯啊！"

李却径直地在画上题了"雄鹰不搏即鸳鸯"几个字，然后娓娓道："师妹，鸳鸯娇媚柔弱，经不得暴风雨。如果有一天你要成家，我劝你还是找一只雄鹰，别找鸳鸯……"斯人斯言，双方都巧借画图传达了爱慕之意，怎不使恋情迅速升温？

可见，兴趣通灵犀式的借景物抒怀，确有珠联璧合的默契之效。

三要懂得打情骂俏。既是正儿八经在一起了，谨小慎微与按部就班的公式化显然无助于真情的表白。

当初冯玉祥将军同李德全的初会，将军居然单刀直入："你为什么同我结婚？"李的回答也咄咄逼人："上帝怕你干坏事，派我来监督你！"如此锋芒不正中将军下怀么？

克林顿在耶鲁时钦羡希拉里的才华，天天尾随对方，却不敢贸然开口。有一天，希拉里实在忍不住了，猛然停步掉头直问对方："你要老这么盯住我，我也要这么盯住你了。还是让我们相互介绍一下吧！"这份傲然与戏谑，总算让克林顿有了表白之机。

难怪人们说，情爱的交流总是互动的，正是那些个戏谑藏机趣式的言谈，触动了双方心弦，方才有甜蜜与快乐。

含蓄隐语，让女人的韵味更浓

所谓含蓄，是言虽尽而意无穷。含指含隐，隐言外之音；蓄指蓄秀，是文中之萃。如淡淡清风，无迹无痕，若有似无，甚至掠不起一圈涟漪。但是，如稍加体味，觉得她"深文隐蔚，余味绵长"，使人"睹一事于句中，反三隅于字外"使人宁静、清新、愉悦和品味无穷。

古诗词大多是以含蓄见长，淡淡清风似的含蓄美，是诗词中的一种至善至美的境界。著名女词人李清照的词更领此妙。

《醉花阴》是清照思念丈夫而写的一首绝妙词作，写得笔触细腻、含蓄隽秀，极具匠心。她没一字言思说情，用"薄雾、浓云、瑞脑、玉枕、纱橱"勾出闺房的空寂、冷清，让女主人迷离闪烁于这冷静、貌似无情的事物背后，然后由"东篱、酒、黄昏、把酒、盈袖、帘卷西风"巧妙地把女主人引到我们面前。

词作中，她根本无意直写花容月貌，但以"莫道不销魂，帘卷西风，人比黄花瘦"骤然收笔，给了人望风怀想的绝妙空间，女主人公的清姿瘦影和玲珑剔透的内心通过联想生动地突现在我们的眼前，我们仿佛看到清冷空寂、吐着幽香的美学意境和孤影伶仃、沉思忧郁的女词人得到了浑圆、完整的刻画。帘外黄花、帘内瘦影，怎能不让我们浮想联翩呢？

东方女性的含蓄是有历史渊源的，不管是在任何场合任何地点，标准的东方女性都会淋漓尽致地表现出那种令人着迷的含蓄的美与优雅，以至于有外国评论把此当作中国女性的一种风韵而大加赞赏。

听到很多人感叹：现在的女孩子越来越没有意思了。问其原因，道曰：一点也不含蓄了，一追就到手。当爱情变得越来越没有难度，爱情的情趣也会大大地降低。

现在社会，含蓄不知何时成了贬义词。是啊，你含蓄，就会失去很多机会，失去原本就属于你的一切。只有不断地争取和奋斗，才能在这个竞争激烈的社会立住脚。可是，爱情和生活不同，爱情不需要太强势，太直白，朦胧的含蓄的美能让爱情看起来更加迷人，让沉醉其中的人更加幸福。

含蓄的女人特别美丽，特别委婉，好似含苞待放的百合；含蓄的男人特别绅士，特别有气质，好似出淤泥而不染的莲藕。默默相爱的两个人肩并肩不紧不慢地走着，不需要太多言语的眼神交流，那不被捅破的一层朦胧感，平淡、安静、沉默，让人心醉。

可是现在一些超前派对待爱情却迫不及待地扑上去，为了让对方知道自己的爱"掏心挖肺"，"献财献身"，实在让人汗颜。

男人看准目标的时候总会急切切的，可是他不知道，爱情来临时，矜持的女人总是柔柔地，缓缓地。这切切的，又缓缓地，仿佛一剑刺进了海绵里，销蚀了力道。男人的急进，女人的矜持在感情最开始的时候是一种很微妙很玄的关系！

在爱情里，含蓄和矜持是把握住对方最好的手腕，冲动和直白不一定是最明智的选择。爱情随缘，当你的心弦不经意间被某个人轻轻拨动，当你的脑海莫名其妙地被某个人牢牢占据，那么，这个人就是你的意中人了，这不需要原因，也不讲究形式，只是心甘情愿地跟着自己的感觉走罢了。

虚荣的女人可以在真正爱上一个人的时候，还想着多几个男人去追求她，满足她的虚荣心。希望每天都会接到各样的邀请，游离于形形色色的男性身边，重复着一场又一场的智力竞赛。她们会告诉你，她们很开心。为什么？因为她们的虚荣心很满足，她们得到了被异性追逐的快乐。

而矜持的女人就会懂得婉言拒绝，她知道什么该做什么不该做，矜持的女人会得到异性更多的赞赏。

看惯了风花雪月的故事，玩腻了男欢女爱的游戏，很多人对于爱情，已经没有奢望。有些男人们一直向往那种"羞答答的玫瑰静悄悄地开"的爱情，来得缓慢而轻盈，带着并不是很呛人鼻眼的香味和氤氲的色调，就如坠梦境中，如痴如迷了。

如果能再有点考验的曲折，却能"山重水复疑无路，柳暗花明又一村"，真是再好不过了。

但可惜，现在的女孩子大多丢掉了在爱情上传统的羞涩。也许大胆更能追求到幸福，但是不应该以牺牲爱情的情趣为代价。大胆是对爱情的大的态度上的，而羞涩和矜持则是对爱情细节上的经营。可惜现在的女孩子在细节上也不含蓄了，就使得爱情少了情趣。

含蓄就是使爱情变得曲折动人一些，使爱情变得有难度一些，使爱情呈现不同的画面来，有流水，有高山，既有走平坦的路的舒坦，也有攀山的激情。

有时候，真让人怀疑现在的爱情还是不是爱情，现在的爱情太过直接、裸露和干脆，没有爱情必经的过程，或许叫"激情"才更确切一些。

在爱情里，女孩何不含蓄一点，把你的柔美，你的温柔，你那一低头，一回眸的清纯神态发挥得淋漓尽致。

《诛仙》里的人物陆雪琪第一次向小凡表达爱是这样说的：当初你在论武大会上，明明可以赢我的，但是到了最后关键时刻，你却放弃了。后来在死灵渊你不顾性命救我，你这般对我，我也这般对你了，从那时起我心里就有你了。

这种简洁平淡的表达方式却有震撼心灵的效果。比之那些华丽的辞藻，老掉牙的什么"我爱死你了……"之类的赤裸裸的表达方式更有内在的美感。

也许是因为他们都是不善于表达情感的人，因此相爱的方式缔造出这种含蓄的内在美。作者在这方面运用得极为恰当，融入中国的传统文化，让读者感悟一段真挚的爱情，品味其中，感动我们。

低调做人是一种智慧，山不解释自己的高度，并不影响它的耸立云端；海不解释自己的深度，并不影响它容纳百川；地不解释自己的厚度，但没有谁能取代它孕育万物的地位……

人的一生，仅仅是一颗流星，在历史的长河中，只是短短的一瞬，划过那么窄窄的一道痕迹，然后，变得无影无踪，消失于无边的尘埃中。我们还有什么理由高谈阔论，不脚踏实地，做个含蓄的女人呢！

传达爱意，更有诗情画意

柏拉图曾经说过："不但要用眼睛，也要用耳朵去选择爱人。"这句话说明了在爱情中向爱人表达自己的柔情蜜意是多么的重要。其实，向自己的恋人表达爱意的方式是多种多样的，只要你善于细心观察，及时捕捉爱的灵犀，总会找到恰如其分的时机和方法，让自己的表达与众不同。比如，制造一些浪漫，可以使你的爱意表达得更加诗情画意。

很多朋友会说，你讲的也太玄了。这么浪漫，在现实中有可能做到吗？平常想制造一点浪漫的气氛都那么难，这么美的事，我们不敢想。

那我们就讲一讲这个浪漫。把握好了，这也是我们对爱进行求索的一条直接的路径呢。我们从诗讲起，诗情画意嘛，是最浪漫的。当然只要能引发人们的激情、柔情和真情，什么艺术方式甚至没有方式都一样，不一定非得是诗。真的爱意传达到位了，就更用不着形式了。

在真正的恋爱中，诗的色彩确实很突出。爱使人们一个个都变得像是浪漫的诗人，或者都在模仿诗意般的浪漫。这种现象是怎么回事呢？

从表面上讲，是因为用诗词特别是古体诗词去表达爱，在所有的语言表达方式中是最有力的。而深层的原因则在于诗意和爱意是相通的，诗意是很接近灵魂对爱意的表现方式的。

传神指心的诗几乎能成为灵魂语言的替代。你要是能够像锤炼诗句、诗意一样，在现实生活中锤炼你爱的丰富的行为语言和清纯如一的爱意，你就有可能会避免掉很多真正的失误和偏差。说句笑话，你要真的学成了诗仙，也就同时变成爱神了。

就像这首词，《一剪梅》是词人与丈夫恋恋不舍告别时写在锦帕上送给丈夫的词，是一首描绘相思的脍炙人口的名篇。

> 红藕香残玉簟秋，轻解罗裳，独上兰舟。云中谁寄锦书来？雁字回时，月满西楼。花自飘零水自流，一种相思，两处闲愁。此情无计可消除，才下眉头，却上心头。

词人敏感极了，"红藕香残、月满西楼、花飘水流、雁群南飞"这些自然界中的无情物无不牵动她的情肠；词人深挚极了，对丈夫的深厚爱情永远也无法磨灭，"此情无计可消除"，纵使愁眉稍展，依然缭绕心中；词人聪慧极了，由白天到深夜，尽管相思无尽，但词人只说"月满西楼"，偏偏不让那位倚楼观望、深夜无眠的女主人公出现，越发显出深长的韵味，给人留下了辽阔的想象空间。

但是，她那种相思之深，简直是刻骨铭心，一刻不忘。于是，她用了淡淡的八个字"才下眉头，却上心头"来表达，不言相思，而相思自现，而且词人那真纯、深挚、浓烈、含蓄、教养深厚的古代闺秀的典雅风度从字里透溢而出，胜于千言万语。

就像《实相篇》里讲的：美感合成诗意，诗意合成爱情。理解爱意莫如依凭诗情，诗情、诗意、诗兴都是人们自然的心灵和美好的世情物趣、山水田园、人物风流、历史云烟，乃至天地宇宙各吐情愫、互赏襟怀的知己般的爱意。用古人的话讲，叫作：物我一体。

在这种心神的灵性中思维，万物天地不仅是你爱的现象的缘起，而且它们本身就在直接赋予你爱的力量。而你也在会意中接受、拥抱和具备了它们的爱！

当你真的能被它们诗一样的爱意锤炼得山低草小、月隐风柔的时候，再去面对这样一个与你一切都心照魂与的人，倒真的胜似登仙呢！那心头灵性的倾吐、眼底蜜意的相知，有如长云弄岭、微雨湿山。那像岚气一样空灵飘逸的爱恋、钟声一样深远悠长的情思，真的能叫人爱到骨髓里呢！

真的能够爱入骨髓！中医说："肝藏魂，肺藏魄，肾藏精，心藏神，脾藏志。"如果你们真的志气相投，魂魄相与，精神相合，那么表现为具体爱的力量时，就是能深深地爱到五脏六腑甚至骨髓里去。

当你们一切互相爱的力量深入到骨髓、梦魂乃至整个生命之中去的时候，彼此共同的身心就是海洋，就是陆地；就是高山，就是大河；就是林海，就是草原；就是溶浆，就是矿藏；就是峡谷，就是崖岸；就是猎奇，就是探险；就是跋涉，就是攀缘；就是开拓，就是繁衍；就是游弋，就是休闲；就是风光旖旎，就是色彩绚烂；就是心旷神怡，就是深沉眷恋；就是天荒地老，就是海枯石烂。就是彼此的心意神魂如醉如痴直到永远！

当然了，不是所有人的浪漫都是这种诗情画意式的。很多由于人生品格、生活秉性、职业习惯的不同，再加上传统的内向心理，在外人看来他们好像生活中没有浪漫。

这是对浪漫的理解狭义化了！他们都各自另有一番风光的。唯大英雄能本色，是真人物自风流－他们生活中的本色自持、事业上的风流独具就是很高的浪漫。还有我们中国人内向性格里面的意味情韵最为耐人品味，他们中的大多数人早都在人生深层、广义的浪漫中了！

爱的内涵具体能表现到多深、多广？根据你的角色和量级，它的力量内蕴也许从一事物、一思想、一功业、一时代，到一国度、一历史、一天地、一世界不等。

至于表现的程度，则要看爱的对象的行为、思想存在的半径有多大、需要有多大，你表现的爱就要给多大。这样对方的感觉才会踏实。最后不但实，并且多到全面，以至于真实而平静。到这一步，什么风花雪月、才子佳人对你来说都算不得浪漫了。

当然，对于普通人来说，爱的内容也不需要那么大——能有全部生活，甚至只要有事业那么大就行了。你（妻子多一些，也有做丈夫的）如果能够用整个身心去尊重、理解和接受对方那包含一切价值、意义、事业、生活的全部力量内涵的爱意，就已经是非常真实的浪漫了。对于想使爱情和婚姻牢不可破的人们而言它已经足够用了。

会撒娇的女人，男人会离不开你

古有"一哭二闹三上吊"，身为当今女子，熟习一招足矣，即撒娇！只要你把功夫学到家，绝对可助你所向披靡，横扫情场，吃定他没商量。

君不见，现时无论怎样的男人，面对着女子的撒娇大多也只有乖乖举手的份儿。

会撒娇的女子，才是最可爱的。温柔的女子必定如枝头凤凰，是男人的心头肉，手上宝。撒娇通常是温柔女子的撒手锏，很少有男人可以逃脱。爱意盈盈双眸间，笑意丝丝挂脸颊，吐气如兰语若丝……如临仙境般地在你眼前铺陈拓展。温柔，爱意，沦陷。撒娇可以说是温柔女子自身宽度的延展。

再好的招数也要讲究一个技巧，撒娇也不例外，甚至于可构得成一门艺术。撒得好，可以让男朋友为你神魂颠倒，百依百顺。撒得不好，会被人误以为是在没事找事，故意找碴儿，更有甚者会认为你是在撒泼。

所以，女性想用撒娇这一招来对付男朋友的时候，还是要先想一想，在什么时间、什么地点才能撒娇吧。

撒娇的时机是相当重要的，一定要在你男朋友比较关注你，或者他闲着没事，再或者他欠着你什么的时候，这个时候撒起娇来最爽，也可以达到预期效果。

当男朋友心烦意乱的时候，或者当他正在忙别的重要事情的时候，想得到他的注意，千万不要贸然撒娇，除非你有百分之一百的把握你比他正在做的事情重要，或者说你的理由比较重要，不然，就会碰一鼻子的灰。

在大街上撒娇的人我们也不是没见过，但是，随便在什么场合冲动起来就撒娇，肯定不是让爱情真的冲昏了头脑就是本身没脑子，所以，撒娇一定也要选好地方。

大多数情侣们喜欢晚上在黑暗的角落卿卿我我，这是比较明智的选择，因为在昏暗的光线下，男性同志往往喜欢想入非非，做事情当然也冲动一点，借势撒个娇，让男朋友把你哄一哄，享受一下被宠的滋味，岂不爽哉？

还有一点，最好不要在男朋友的众多朋友面前撒娇。因为男人都是很要面子的，你在那种情况下撒娇，大家都看着他表现呢。要是他是个大男子主义，那你就惨了，他肯定不会像平时就你们两个人的时候那么迁就你，最好的情况也要打个七折。

情况不好，那你就更惨了，也许他会变得和平时一点都不一样，不但不哄你，反而装也要装出一副不在乎的架势，至少，给哥们儿看看他至少不是个妻管严。这时候，他的心里也许还会理直气壮地认为：这女人怎么这时候撒泼来了？丢人！

那么，怎样撒娇才能赢得男友的欢心呢？

调戏。也叫作逗，堪称两个人的相处情趣，广义来说算是撒娇的其中一种，某些时候不但可让本来紧张的局面化险为夷，更可让生活增添不少趣味。

诈哩。这是一种最常见的撒娇方式，作为女子，力气天生就没男人大，指望和他用武力去解决铁定是不敌的了。幸好上帝赐予了我们娇憨的权利，所以我们又怎能白白辜负了这一大好资源呢，该诈哩的时候且诈哩！

撒野。撒娇撒过了头就是撒野，但这里说的野是野蛮女友的野。收放自如地撒野，是撒娇的最新款武器，也可算是撒娇的最高境界了，我们的全MM就是此中的杰出代表。就因为掌握了这一强有力的撒手锏，你不见全MM至今仍令全球不少的GG们心猿意马，日思夜想个没完没了。

通常在青年男女谈恋爱的时候，撒娇似乎是一种本能，无论多么夸张，在对方眼里都只会显得越发可爱丝毫没有肉麻的感觉。很多人认为撒娇就是说幼稚的话，做出幼稚的举动。

事实上，撒娇不只是说说幼稚话那么简单，不同的时期有不同的撒娇方式，不同的事儿要有不同的撒娇方法。一个调皮的笑，一个促狭的眼神，一个亲昵的动作占用不了多少时间，却能达到意想不到的效果。

现在女性又要打拼事业又要照顾家庭，心情难免烦躁，遇到不自觉帮忙做家务的伴侣更是火大，没事的时候好好想想用个比较婉转的、对方比较能接受的方式来解决，厉声厉色也只会让双方都不愉快。

先示个弱说几句软话，"骗"他干活才是真的。如果他做得没有达到你的要求，也请不要埋怨，慢慢教给他。要想以后享福眼前就要多付出些耐心，多鼓励多表扬，给他继续努力的动力。如果这个时候再加上甜言蜜语，即可达到事半功倍的功效。

撒娇说穿了就是以柔克刚，不怕恋人不听话，只怕我们的功力不够。撒娇是生活中的润滑剂，擅用这一法宝，生活中就会多些轻松快乐少些摩擦，何乐而不为！对于男人们来说也适用，只要把握好尺度和实施对象。

"撒娇艺术"，其实就是古之兵法上"以柔克刚"的艺术。老子认为天下没有比水更柔弱的东西了，但是任何坚强的东西也抵挡不住它，因为没有什么可以改变它柔弱的力量。

恰当运用"柔"，任何坚强的东西都会为之融化。巧妙地运用"撒娇"，就等于为爱情安上了一个"安全阀"。

巧用"撒娇"的艺术，是消除爱人相处中的误会、增进了解、陶冶性情、加强涵养的有效办法。作为女性，当你的恋人大发脾气时，你不妨试试这招"撒娇绝技"；当你的恋人心情郁闷时，你不妨用用这个女人的"独门暗器"，这对增进你们恋人之间的感情，肯定会大有效用。作为女性要牢记："撒娇"是你对付恋人的"独门暗器"，可以让他为你疯狂。

随时斗斗嘴，让爱情常有新鲜感

《红楼梦》第十九回写宝玉到黛玉房里，有这样一段描述：

宝玉见她睡在那里，就去推她，黛玉说："你且别处去闹会子再来。"宝玉推她道："我往哪里去呢？见了别人怪腻的。"

黛玉听了，嗤的一声笑道："你既要在这里，那边去老老实实地坐着，咱们说话儿。"宝玉道："我也歪着。"黛玉道："你就歪着。"宝玉道："没有枕头，我们在一个枕头上。"

黛玉道："放屁！外头不是枕头？拿一个来枕着。"宝玉看了一眼，回来笑道："那个我不要，也不知是哪个脏婆子的。"黛玉听了，睁开眼，起身笑道："真真你是我命中的'天魔星'！请枕这一个。"她把自己的枕头让给宝玉，自己又拿一个枕着。

这一段"斗嘴"就为"抢"一个枕头，事很小，语言也都是很普通的日常口语，而且黛玉骂得毫不客气，要在一般关系的男女之间，这一句话就会伤了和气。但在恋人之间，打是亲、骂是爱，斗嘴只是示爱的一种活泼而随意的方式，所以宝玉和黛玉都没有因这个甜蜜的吵架而斗气，相反却越斗越亲密。

玩过碰碰车的人都知道，那乐趣全在于东碰西撞、你攻我守。这种游戏的新鲜与刺激绝非四平八稳的行车能比的。在许多青年恋人中，尤其是有较高文化素养的情侣们中间，有一种十分独特、有趣的语言游戏，就很像这种碰碰车游戏，那就是"斗嘴"。

台湾女作家玄小佛在她的短篇小说《落梦》中就描写了戴成豪和谷湄两位恋人间的一段"斗嘴"：

"我真不懂，你怎么不能变得温柔点。"

"我也真不懂，你怎么不能变得温和点。"

"好了……你缺乏柔，我缺乏和，综合地说，我们的空气一直缺少了柔和这玩意儿。"

"需要制造吗？"

"你看呢？"

"随便。"

"以后你能温柔点就多温柔点。"

"你能温和也请温和些。"

"认识四年，我们吵了四年。"

"罪魁是戴成豪。"

"谷湄也有份。"

"起码你比较该死，比较浑蛋。"

不难看出，这对恋人彼此依赖、深深相爱，但是两人都具有独立不羁的性格，谁都想改变对方，但谁都改变不了对方，然而从两人针锋相对的话语里，我们分明感觉到他们彼此的宽容、彼此的相知，我们真切地感觉到浓浓的爱意从他们的内心流溢而出。这段对话十分典型地反映出恋人间"斗嘴"的特点：

一是目的的模糊性。恋人间斗嘴一般并非要解决什么实质性问题，作出什么重要决定，而仅仅是借助语言外壳的碰撞来激发心灵的碰撞，从而达到两颗心的相知与相通。因而恋人们常常为一句无关紧要的话、一件微不足道的事"斗"得不可开交，局外人很难领会到其中的奥妙与乐趣。

二是形式的尖锐泼辣。恋人间的斗嘴从形式上看和吵嘴很相似。你有来言我有去语；你奚落我，我挖苦你，毫不相让，"锱铢必较"。但与吵嘴根本不同的是："斗嘴"时双方都是以轻松、欢快的态度说出那些尖刻的言辞，有了这层感情的保护膜，"斗嘴"就成了一种只有刺激性、愉悦性却无危险性的"软摩擦"，成了表现亲密与娇嗔的最好方式。

不难想象，当谷湄说出"起码你比较该死，比较浑蛋"时，脸上是带着亲切而顽皮的笑容的。如果换一种冷若冰霜的态度，那么这句话就不再是斗嘴，而变成辱骂了。

正因为斗嘴具有形式上尖锐而实质上柔和的特点，它就比直抒胸臆式的甜言蜜语有了更大的展示情人间真实感情与丰富个性的广阔空间。所以沐浴爱河的许多青年男女都喜欢进行这种语言游戏，在这种轻松浪漫的游戏中，加深彼此的了解，增进相互的感情，同时也调剂爱情生活，使恋爱季节更加多姿多彩。

斗嘴，也就是甜蜜吵架，既然是一种游戏，就有它的规则，千万不要只为了刻意追求效果，而不顾一切。

谈话总要有一个总的原则。"交浅不可言深"这话同样适用于恋爱中。如果双方还处于相互试探、感情朦胧的阶段，最好不要选择"斗嘴"的方式来增加了解，因为毕竟你对对方的个性还不是很了解，容易产生不必要的误会，而且很容易将斗嘴演化成辩论，那就更大可不必了。

要想以斗嘴来加深了解，可以选择一些不涉及双方感情或个人色彩的一般话题，如争一争是住在大城市好还是隐居山林好等，这样双方可以不受拘束，"安全系数"也大。如果已是情深意笃，彼此对对方的性格特点都比较了解，那就可以嬉笑怒骂百无禁忌了。

恋人间斗嘴，最爱用戏谑的话语来揶揄对方，往往免不了夸张与丑化。但是这种夸张与丑化，也要照顾到对方的自尊，最好不要涉及对方很在乎的生理缺陷或挖苦对方很敬重的人，更不可攻击他很敬重的父母或对方的偶像，也不要挖苦对方自以为神圣的人和事，否则就可能自讨没趣，弄得不欢而散。

斗嘴虽然是唇枪舌剑的交锋，但也需要有一个宽松的环境，才能享受它的快乐，因此斗嘴时要特别注意恋人当时的心境。大家都有这样的体验，心情愉快时，可以随便耍嘴皮、开玩笑，可如果你的恋人正在为工作调动没有结果而一筹莫展时你却来这一句：

"你怎么了？满脸乌云，像谁欠你八百吊钱似的。"他准会埋怨你："我都要烦死了，你还有心情调侃我，我看你是没心没肺了。"这样斗嘴的味道就变了，也不是甜蜜的吵架了。

开个玩笑，让生活变得风趣

在我们的实际生活中，朋友和同事之间经常会有开玩笑的情形出现。玩笑犹如一种精神"调节剂"，会使人与人之间产生某种程度的轻松愉快的感情交流，这对紧张的工作、学习、生活，无疑是非常有益的。

钢琴家波其在一次演奏时，发现全场有一半座位空着，他对听众说："朋友们，我发现这个城市的人们都很有钱，我看到你们每个人都买了两三个人的票。"于是半屋子的人放声大笑，波其的玩笑使气氛更加融洽，也使自己为自己音乐会的冷场找了一个台阶下，这样一箭双雕的事，我们何乐而不为呢？

在社交场合中，如果能够开一下玩笑，就会创造出轻松友好的气氛，有助于大家的交往。在人际交往中，玩笑往往是心灵与心灵之间快乐的天使。

有道是"笑一笑，十年少"，谁人不盼望自己笑口常开，青春不老？正因为笑在人的生活和社会交往过程中，须臾不可或缺，这才有了人们制造笑的手段——开玩笑。会开玩笑的人，他们妙语连珠，笑料频频，包袱不断，使人们在玩笑中捧腹，在捧腹中消除疲劳，增进感情。

开玩笑，很有意思吧。当你没事的时候，比如坐在那里打瞌睡，或者掰着手指数数，或者看着那些肥皂剧的时候，你就可以跟你的恋人开点玩笑，类似于无聊之中找点乐趣。

但是，玩笑开大了，那是犯罪；玩笑开小了，那是无聊，若是你能把握这玩笑的度量和火候，那你俨然就是一个幽默大家了。既博得男友一笑，也调剂了平淡无味的生活。

玩笑说来说去，就是人们生活、工作、学习的润滑剂。一个健康而有益的玩笑，开得得体、风趣，在自己高兴的同时，也可欢愉他人。在使人捧腹之后，回味无穷。现实生活中，在玩笑中恋人会破涕为笑。

玩笑是生活中的清醒剂和润滑剂，因为有了玩笑，生活才变得有趣和生动。玩笑的特点就在于其出乎意料的联想，是思维灵活性的绝妙示范。

玩笑在很大程度上是一种机智性联想，所以有些开玩笑高手一旦开腔，往往会开出一连串的玩笑，而被开玩笑的人如果对玩笑作出相应的反应，将是一场脑力激荡的游戏。如果不喜欢这种游戏，或感到有压力，就容易排斥别人的玩笑。

可见，拒斥玩笑和某种程度的心理问题相关。因此，玩笑可以当成测定心理健全程度的一个便捷手段，而追求健全人格的人也可以用自己对玩笑的态度来了解自己的心理的柔韧性、灵活性和机智性。

就喜欢开玩笑的人来讲，也要懂得玩笑要有分寸。如果乱开玩笑，也会造成人际交往的麻烦。因此如何开玩笑和应对玩笑，实在是一门很不简单的生活艺术啊。

生活中，人们总爱开玩笑。它能给枯燥的生活增添许多乐趣，但是说笑话要谑而不虐。人的生活，不能过分严肃；过分严肃，生活便减了情趣，而精神的表现便流于呆板；同时因为你的呆板，减少了人与人之间的亲和力，人家就不愿与你接近，所以精神要有张有弛才好。所谓精神的弛，就是有时你要与人有说有笑，说些风趣的话，说些诙谐的话。

生活中，有到处不在的玩笑，也有到处不在的感动，所以我在感动中生活。现实也好，网络也好，我都敢大声地说自己是最幸福的女人。不知道说生活疲惫、辛苦的人们，是否有我的心态面对一切呢？学习吧，你也会快乐的。

每天在辛苦的工作之余，找一些有乐趣的事情，来调节自己的心情，也来带动好友的心情，何乐而不为呢？好友之间开开玩笑可以增进感情。

有一位做推销工作的女孩子和男朋友约好了要看电影，可是她整整迟到了10分钟。

等她到达约会地点的时候，男朋友怒目而视，抱怨她耽误了电影的开播时间，可是这位女孩伸手摸了摸自己的后脑勺，"嘿嘿"一笑，不好意思地对男朋友说："今儿的交通可真够堵的呀！幸亏我不胖，还能够在车缝隙中穿梭，要不然现在恐怕还见不着你呢！"

男朋友看看自己女友苗条的身材，忍不住大笑起来，遮顶的乌云全都吹散了。

这位姑娘半开玩笑的话，不仅说明了自己来晚的原因，简洁地表达了自己的歉意，更重要的是活跃了气氛，使男朋友的怨气一扫而光。

朋友之间开玩笑，是一种文化现象，也应是一种包含爱的诙谐。

它的前提是出于善意。

巴尔扎克去看雨果，雨果正在发火。因为有篇文章在引经据典地胡扯，说历史剧是维尼发明的。为了给朋友"熄火"，巴尔扎克故作愤怒地说："浑蛋，全世界都知道，历史剧是我发明的！"雨果一听，不由捧腹大笑。

朋友之间开玩笑，它的基础还应该是彼此间知根知底。

萧伯纳的一部新剧要上演了，他给丘吉尔寄去了两张票，还附了张字条："来看戏吧，带上一个朋友，如果你有的话。"丘吉尔立即回复道："我很忙，不能去看首场。但我将去看第二场，如果你的戏有第二场的话。"

这个玩笑的基础，是萧伯纳知道丘吉尔朋友众多，丘吉尔也知道萧伯纳的剧作深受欢迎。

朋友之间开玩笑，还要把握时机、场合和适度的分寸。

一次宴会上，一位年轻的诗人到另一桌上敬酒，那个桌上女孩子特别多，恰好他的朋友也坐在那里。

他便开玩笑说："很荣幸一下子就找到你了，我知道了，以后哪里女孩子多，哪里就可以找到你。"

大家哈哈大笑，朋友却不干了："你干吗把我往死里整呀，我是那种好色之徒吗？"

后来，这位诗人把这件事情写进了他的幽默文集。朋友之间开玩笑是免不了的，它本来就是人际关系的润滑剂。

甜蜜地吵架，越吵情越浓

爱人之间的大敌不是吵架，而是拒绝交流。只要吵出来，就是交流，哪怕只是小小的吵一架，彼此可以更加了解。

俗语说：不是冤家不聚头。恋爱中的男女双方，就是一对聚头的冤家。恋爱的过程中，虽然大部分时间是丽日晴空、花好月圆，但再好的冤家也有吵嘴的时候。

周璇与男友相处好几年了，虽然经常吵吵闹闹，却始终是典型的"床头吵床尾和"，而且越吵情越浓。

周璇在生活中是个马大哈，经常闯祸，还经常把自己弄伤了，为此没少挨骂。后来，周璇经过仔细体会渐渐地发现，男友骂她时，他的心痛要远远超过她的伤痛，并且跟他骂声的激烈程度成正比，骂得越激烈，心疼得也越厉害。

记得一次周璇摔坏腿，频繁地去医院，拍片，换药，复查，都是他背着她上下楼。周璇家住在顶楼，87级台阶，平时一个人上下还有点微喘，何况还要背着一个人！

周璇摔伤的那段时间，男友虽然也骂她，但她被他激怒之后坚持要自己爬楼时，总是被男友更坚持地背着。听着他粗重的喘息声，周璇的心便一点一点地柔软……暗自竟有些得意起来，伤痛也似乎减轻了许多。

伤好了以后，周璇又开始在男友面前活蹦乱跳地扭手扭脚。正得意呢，他却又开骂了："你看你，还是这么不小心！下次要是闪了腰，我可不管你了！"这次周璇听了不仅不生气，心里还偷着乐。原来被骂也是一种幸福，被骂也是被爱的一种状态。

没有一对夫妻和情侣不吵架的，这是所有"过来人"的经验，可有的夫妻吵到两败俱伤，最终只好挥手说"拜拜"；有的夫妻和情侣却能越吵越相爱，在争吵中磨合理解，感情升温的。

如果两个人连吵架都懒得吵了，估计也就差不多说"再见"了。爱人之间的大敌不是吵架，而是拒绝交流。只要吵出来，就是交流，哪怕只是小小的吵一架，彼此可以更加了解。

怎样让不可避免的争吵变成生活中的调味剂，让一次争吵变成一举四得——情绪得到宣泄，问题得到澄清，沟通变得有效，亲密变得无间，这里可是有学问的。

英国最新的一项调查表明，如果善用吵架"秘籍"，架吵得好，也许可以成为两人感情的催化剂，使你们的感情在经历"冲突"之后，比以前更加稳固和坚实。

爱情可以越吵越亲密吗？当然，聪明女人就是这样。她们的方法，就是把你们之间的纷争变成甜蜜的吵架，让吵架来促进你们的感情。

丈夫疲惫地回到家里，兰兰看到了，奶声奶气地说："宝宝，回来了。人家好想你哦，我要抱抱。"

虽然很累，但是丈夫还是很高兴地拥抱着兰兰。

丈夫洗了把脸，坐在沙发上，问在一边看电视的兰兰："亲爱的，我们今天晚上去吃什么啊。"

"不知道啊，随便你吧。"

"你不是喜欢吃料理吗？听说附近开了刚开了一家料理店，据说还不错。"

"我饿死了，懒得走。"兰兰躺在沙发上有气无力地回答。

"那我们就干脆去楼下吃火锅，怎么样？"丈夫又问。

"不行，现在脸上好多痘痘了。"

"那去旁边的饭店去吃拉面吧。"丈夫继续问。

"晕，今天中午我才吃的拉面。"

丈夫没辙了，想了半天说："那我们去吃海鲜怎么样？有个海鲜城现在搞活动，我上次跟同事去吃过，挺不错的。"

"现在的海鲜都不新鲜了，你难道忘了上次把肚子吃坏了？"兰兰嘬着嘴回答。

"那你说，你到底想吃什么！"又累又饿的丈夫有点不高兴了，声音都高了不少。

"你喊什么喊，你还不高兴了？"

"我怎么喊了，那你这算什么？折腾不折腾啊！"

兰兰这时候也觉得不好意思了，于是她决定撒个娇，抱着丈夫，然后在他脸上亲了一口说："哎呀，别生气嘛。其实我……什么都不想吃，我就想吃你的猪头肉。"

　　这时候丈夫哭笑不得，回敬道："你才是猪呢？"

　　"对呀，我就是你的小猪，你可要保护我哦。"

　　丈夫什么都没有说，只是紧紧地抱住了兰兰。

　　看吧，吵架也可以很甜蜜的哦。会说话的女人懂得在矛盾爆发时用点调料调剂缓和一下，这样你的爱情和生活就会变得随心所欲、丰富多彩，还能拴住爱人的心，真是一举多得啊。

偶尔幽默一把，使爱情快乐长久

　　幽默，对于男人它唤起的往往是尊重，而对于女人它带来的往往是甜蜜和快乐。聪明的女人不一定幽默，但幽默的女人一定聪明。

　　幽默能使人心情保持愉快，也会使夫妻间的爱情长盛不衰。由于幽默的语言能得到平常的语言所没有的奇效，因此，使用幽默语言往往成为夫妻间表达感情的一种策略。

　　丈夫要出差几天，留下一些待办的事情给妻子做，并列了一二三四写在纸条上。出于开玩笑，丈夫在纸条上加上了第五条：多想想你的老公。

　　几天之后，丈夫回到家里，妻子向她报告完成事情的情况，并把纸条给丈夫看。丈夫一看，只见纸条上上前四项都画上了勾，只剩下第五条未划。

　　"怎么，你把我忘了？"丈夫郁闷地问道。

"第五条我也做了，但还没有做完。"妻子回答说。

丈夫一听，给了妻子一个甜蜜的拥抱。

看看吧，在生活中，只要你学会幽默，你的爱情就一定能快乐幸福。

一对夫妻吵架吵得不可开交，互不相让。最后，丈夫恼火了："你走吧，把属于你的东西都带走，不要再回来了。"

妻子无可奈何地收拾东西，最后拿起一个大旅行箱，往丈夫身边一扔："你钻进去。"

"干什么？"丈夫吃了一惊。

"你也属于我，我也要把你带走。"

如此一说，不仅夫妻和好如初，感情也愈加甜蜜。

所以，幽默的情趣、祥和的气氛，定能赢得爱情的永久！

很多人都觉得女性比较缺乏幽默感。这个问题只要你去问下身边的朋友，似乎大多数的人都颇有同感。相对而言，通常女性看待事情的方式的确比男性严肃。

幽默，对于男人它唤起的往往是尊重，而对于女人它带来的往往是甜蜜和快乐。聪明的女人不一定幽默，但幽默的女人一定聪明。身为一名女性，你不妨回想下列的情景：

当你不小心犯了错，你是否总是想办法找借口掩饰你的不安，或者用眼泪来表现你的自责与烦恼？

为了表现你的专业，在工作场合你是否总是尽量舍弃自己的个性，摆出一副不容侵犯的脸孔？

当一个男人在办公室内发表自大的言论时，你是否会怒气冲冲地让他闭嘴？

　　如果以上的问题你的回答皆为"是"，你得注意了，你恐怕真的是一个严肃的女人。为了爱情的甜蜜长久，你必须想办法培养出你的幽默感。

　　当然，幽默不是一朝一夕能做到的，要多多学习才行，幽默与油腔滑调不同，幽默有很深含义的，需要你去观察生活，用心留意，多积累知识与见闻。培养幽默感需要从以下三方面入手：

　　一是每天找一条笑话，把笑话背熟，反复操练，尽可能讲的风趣幽默诙谐。

　　二是每天务必在工作或生活中找到一个东西事物的幽默一下。最好就是当众幽默，实在不行事后自己也可以自嘲幽默补一下。

　　三是学会自我解嘲，敢于拿自己开玩笑。

　　只要你坚持一个月，你会发现心境也不同了，你的爱人也一定会对你恩爱有加。